海洋生物馆藏标本图鉴

——软体动物双壳贝类

王一农　蔡林婷　主编

《宁波大学海洋生物陈列馆馆藏标本图鉴》编辑委员会　编

科学出版社

北　京

内 容 简 介

宁波大学海洋生物陈列馆现有馆藏软体动物双壳类标本约1000种5000件，本书收录了其中的452种。本书总论部分介绍了双壳类的主要特征、生活习性和经济价值，论述了双壳类的分类系统，并列出了到科级分类阶元的分类检索表；各论部分按科列出了每种标本的中文名、异名、产地和规格等信息，并附有清晰的彩色照片；为方便读者查找，本书列出了中文名索引和拉丁名索引。

本书可供贝类学、水产养殖学、海洋生态学、海洋生物资源等领域的科研、教学人员及贝壳收藏者参考。

图书在版编目（CIP）数据

海洋生物馆藏标本图鉴：软体动物双壳贝类 / 王一农，蔡林婷主编；《宁波大学海洋生物陈列馆馆藏标本图鉴》编辑委员会编．—北京：科学出版社，2020.8

ISBN 978-7-03-065691-9

Ⅰ. ①海… Ⅱ. ①王… ②蔡… ③宁… Ⅲ. ①海洋生物－软体动物－标本－图集 Ⅳ. ①Q959.21-64

中国版本图书馆CIP数据核字（2020）第126182号

责任编辑：陈 露 / 责任校对：谭宏宇
责任印制：黄晓鸣 / 封面设计：殷 靓

科学出版社 出版
北京东黄城根北街16号
邮政编码：100717
http://www.sciencep.com
苏州市越洋印刷有限公司印刷
科学出版社发行 各地新华书店经销
*
2020年8月第 一 版 开本：787×1092 1/16
2020年8月第一次印刷 印张：13 1/4
字数：300 000

定价：200.00 元

《海洋生物馆藏标本图鉴——软体动物双壳贝类》

编辑委员会

《宁波大学海洋生物陈列馆馆藏标本图鉴》

编辑委员会

前言

海洋生物标本是水产、生物、海洋资源与环境等专业教学、科研工作的重要组成部分。宁波大学海洋学院（原浙江水产学院宁波分院，于1996年并入宁波大学）一直承担着海洋生物标本的采集、鉴定、制作、收藏、陈列等一系列工作，并建有宁波大学海洋生物陈列馆。

宁波大学海洋生物陈列馆现有馆藏软体动物双壳类标本约1000种5000件，此次出版的《海洋生物馆藏标本图鉴——软体动物双壳贝类》收录其中的452种。本书总论部分介绍了双壳类的主要特征、生活习性和经济价值，论述了双壳类的分类系统，列出了到科级分类阶元的分类检索。各论部分按科列出了每种标本的中文名、异名、产地和规格等信息，并附有清晰的照片；中文名主要按《中国动物志》的中文学名，并参考《中国海双壳类软体动物》《中国海产双壳类图志》等资料，分布于国外的有些种类，没有合适的中文学名，按照民间标本交易的通俗名称，作为该标本的异名列出；产地是指标本的采集地，有些标本购买于当地的农贸市场，不能确定是否分布于该地区，因此作了标记；规格是指贝壳的最大长度，一般是指壳长，在扇贝科、锉蛤科等种类中也指壳高；为方便读者查找，附录部分列出了标本中文名、异名和拉丁名的索引，索引没有列出科级以上的分类阶元，科级以上分类阶元可以查看本书总论中系统分类一节。

本书由宁波大学尤仲杰、王一农负责标本的种类鉴定，蔡林婷、刘迅、王莉、陈晨负责标本及文字校对，顾晓英、徐镇、李祥付、何京、刘懂、刘好真、徐鹏、李进京、刘颖、陈启鹏、黄桂婷负责标本整理、拍摄，全书由王一农、蔡林婷负责校对、统稿。

宁波大学海洋生物陈列馆的馆藏标本，大部分是多年来由本学院的教师、学生采集制作，还有些标本是校友、友人赠送，在此编者致以深深的谢意！本书在编写过程中，获得水产养殖学国家一流专业、浙江省“十三五”优势专业、宁波市品牌专业建设经费资助。
限于编者水平，书中不妥之处，恳请读者批评指正。

编者

于宁波大学

2020年2月20日

目　录

第一篇

总　论

一　双壳类概述

双壳类（Bivalvia Linnaeus，1758）是软体动物门的一个主要类群，因具有2枚贝壳而得名。头部退化，又称无头类（Acephla Cuvier，1798）；鳃呈瓣状，也称瓣鳃类（Lamellibrachia de Blainville，1824）；足部发达呈斧状，又称斧足类（Pelecypoda Goldfuss，1820）。

双壳类营水生生活，分布广泛，大部分海产，从潮间带到深海都有分布。世界上双壳贝类已记述9620种（M. Huber，2015），中国海产双壳类有效种为916种（徐凤山，2008）。

双壳类是重要的经济类群，可供食用、药用。许多种类已开始了养殖与增殖，有些种类的贝壳色彩艳丽，具有收藏价值。

二 主要特征

贝壳形态特征是双壳类种类鉴定的主要依据，形态描述一般包括以下几点：贝壳的质地与壳的形状；壳顶的位置；有无小月面、楯面，及小月面、楯面的形状；生长纹、放射肋的数目、粗细及形状；壳表颜色，有无壳皮、毛、棘刺等附属物；壳内面包括铰合齿、肌痕、颜色等。

双壳类的贝壳有2枚，有些种类除了正常的2枚壳外，还有附属壳，称为副壳，如海笋科的种类。2枚贝壳，即左右两壳。如果两壳的大小、形状相同，称为左右相称（等）；左右两壳大小、形状不同，则称左右不相称（等）。

贝壳的背面有一个特别突出的小区，称“壳顶”，是贝壳最初形成的部分（即胚壳）。多数种类壳顶略向前方倾斜，也有一些种类壳顶位于中央。壳顶位于贝壳中央，即贝壳的前、后两侧等长，称两侧相等，反之，两侧不相等，即表示贝壳的前、后两侧不等长。

壳顶前方常有一小凹陷，一般为椭圆形或心脏形，称为“小月面”。壳顶后方与小月面相对的一面称为“楯面”。在扇贝科、珍珠贝科等种类中，壳顶的前、后方具突出的部分，前端称为“前耳”，后端称为“后耳”。有的种类前、后耳等长，有的前耳大于后耳，有的后耳大于前耳。

贝壳表面有以壳顶为中心、呈环形的生长线；以壳顶为起点，向腹缘发出放射状排列的肋纹称为“放射肋”。生长线和放射肋的形状变化很多，有的互相交织形成格状的刻纹，或呈鳞片状和棘状的突起，有的只有生长线而无放射肋，有的生长线不明显而放射肋很发达，有的生长线和放射肋都不明显，壳表光滑。此外，在贝壳的表面还有各种色彩和花纹。

在壳顶内下方，两壳相互衔接的部分，称为“铰合部”。铰合部一般具铰合齿，在原始种类，铰合齿数目很多，形状相同，为同形齿，排成1或2列。演化的种类铰合齿数目少，为异形齿，可分为主齿和侧齿两种类型，主齿位于壳顶部的下方，侧齿位于主齿的前、后两侧，前侧者称为“前侧齿”，后侧者称为“后侧齿”。有些种类铰合部无齿。海笋科及船蛆科的种类在贝壳内面、壳顶的下方有1个棒状物，称为“壳内柱”。

在壳顶后方、铰合部背面，有呈黑色、具弹性的几丁质韧带。韧带是连接2枚贝壳并具有弹开贝壳的作用，分为外韧带和内韧带。外韧带多位于壳顶后方、两壳的背缘，内韧带多位于壳顶内下方、铰合部中央的韧带槽中。这2种韧带，在同一种类中可以同时存在，但大多数种类只具有1种韧带。

贝壳内面凹陷而光滑，通常具有清楚的外套膜环走肌、水管肌、闭壳肌及足肌等留下来的痕迹。外套膜环走肌的痕迹称为“外套痕”或“外套线”，随种类不同，有的紧靠贝壳边缘，有的远离贝壳边缘。水管肌的痕迹称为“外套窦”或“外套弯”，是外套痕末端向内弯入的部分，水管发达的种类外套窦很深，水管不发达的种类外套窦较浅，没有水管的种类则没有外套窦。水管不能缩入壳内的种类，如宽壳全海笋，虽然有水管，但无外套窦。闭壳肌的痕迹称为“闭壳肌痕”。闭壳肌痕有 1 个或前、后 2 个。有 2 个闭壳肌痕的种类，又有前、后肌痕相等和不相等之分。前足肌痕多在前闭壳肌痕的附近，后足肌痕多在后闭壳肌痕的背侧。从贝壳内面的这些痕迹，能大致了解生活个体的外套膜、水管、闭壳肌和足肌的情况，结合贝壳的质地和形状，大致可以判断贝类的生活类型。

双壳类的内部构造，可参考《贝类学纲要》（1961）、《贝类学概论》（1979）等著作的相关章节，在此不再赘述。

三 贝壳方位的辨别与测量标准

1. 贝壳方位的辨别

先确定前后方位，再辨别左右和背腹。双壳类贝壳前后方位辨别，可依据以下几点：

（1）壳顶尖端所指的方向通常为前方；

（2）由壳顶至贝壳两侧距离短的一端通常为前端；

（3）有外韧带的种类，外韧带所在位置为后端；

（4）有外套窦的种类，外套窦所在位置为后端；

（5）具有一个闭壳肌的种类，或前后闭壳肌不等大的种类，闭壳肌痕，或较大闭壳肌痕所在的位置为后方。

贝壳的前、后端确定后，手执贝壳，使壳顶向上，壳前端向前，壳后端朝向观察者，则左边的贝壳为左壳，右边的贝壳为右壳，壳顶所在面为背面，相对面为腹面。

砗磲科的贝壳方位，按照砗磲类生活状态来确定，定位时把壳顶朝下，铰合部与手持者相对，这样，铰合部的末端为前端，相反的一方是后端；贝壳的游离端朝上为背面，壳顶和足丝孔朝下为腹面，在手持者左侧为左壳，右侧为右壳。

2. 贝壳的测量标准

由壳顶至腹缘的距离为壳高，由前端至后端的距离为壳长，左右两壳面间最大的距离为壳宽。

贻贝科的种类，贝壳较尖的一端为壳顶，它的口接近这个部位，故又把壳顶称为前端，相对的一端称为后端，前端至后端最大的距离为壳长。靠近鳃的一面称“腹面”，相对的一面称“背面”，背、腹最大的距离为壳高。左、右两壳间最大的距离为壳宽。

四 系统分类

双壳类为水生类群，生活于海洋、淡水和半咸水中，全世界约有 15000 种。现生双壳类分属 6 亚纲，分别是古多齿亚纲（Palaeotaxodonta）、隐齿亚纲（Cryptodonta）、翼形亚纲（Pteriomorphia）、古异齿亚纲（Palaeoheterodonta）、异齿亚纲（Heterodonta）、异韧带亚纲（Anomalodesmata）。6 亚纲分类检索如下。

1（4）原鳃型

2（3）铰合齿多，外韧带 ---------------------- 古多齿亚纲 Palaeotaxodonta

3（2）铰合齿少，壳内瓷质 ------------------------ 隐齿亚纲 Cryptodonta

4（1）非原鳃型

5（6）丝鳃型，壳顶两侧常具翼状的前、后耳，无水管 ---- 翼形亚纲 Pteriomorphia

6（5）真瓣鳃型或隔鳃型

7（10）铰合部无石灰质小片

8（9）铰合齿分裂（拟主齿）。淡水产，无水管------ 古异齿亚纲 Palaeoheterodonta

9（8）铰合齿少，或者不存在。海产，有水管 ----------- 异齿亚纲 Heterodonta

10（7）铰合部常具有石灰质小片。韧带在匙状槽中---- 异韧带亚纲 Anomalodesmata

（一）古多齿亚纲（Palaeotaxodonta Korobkov，1950）

又称古列齿亚纲、原鳃亚纲。

两壳相称（等），能完全闭合，具黄绿色壳皮。壳内面多具珍珠光泽。铰合齿多，分成前后 2 列，沿前后背缘排列。闭壳肌 2 个，相等。通常具内、外韧带，鳃羽状，原鳃型，足具蹠面，成体无足丝。

古多齿亚纲国内 1 目，胡桃蛤目（Nuculoida Dall，1889）。

胡桃蛤目（Nuculoida Dall，1889）

又称湾锦蛤目。

壳小型，两壳略相称（等），腹缘能紧闭；铰合齿多，外韧带，通常为双向性，多有内韧带和着带板；原鳃型本鳃，前后闭壳肌等大。海产，营底内自由生活。

胡桃蛤目分 2 总科，胡桃蛤总科（Nuculacea Gray，1824）、吻状蛤总科（Nuculanacea H.et.A.Adams，1858），分类检索如下。

1（2）壳内具珍珠层 ------------------------------ 胡桃蛤总科 Nuculacea

2（1）壳内无珍珠层 ------------------------------吻状蛤总科 Nuculanacea

（1）胡桃蛤总科（Nuculacea Gray，1824）

壳小型，壳圆形、长圆形，后部通常为截形；铰合部略呈弓形，外套痕完整，无外套窦。海产，生活于深水区。

胡桃蛤总科国内 1 科，胡桃蛤科（Nuculidae Gray，1824）。

（2）吻状蛤总科（Nuculanacea H.et.A.Adams，1858）

两壳相称（等），前后不等；壳表面平滑，壳内面为瓷质，无珍珠光泽，有外套窦，具内韧带和（或）外韧带，铰合齿多，有些种退化。

吻状蛤总科国内 3 科，吻状蛤科（Nuculanidae H.et.A.Adams，1858）、廷达蛤科（Tindariidae Sanders et Allen，1977）、马雷蛤科（Malletiidae H.et.A.Adams，1858），分类检索如下。

1（2）铰合部有着带板 ------------------------------ 吻状蛤科 Nuculanidae

2（1）铰合部无着带板

3（4）壳厚重，圆形 ---------------------------------- 廷达蛤科 Tindariidae

4（3）壳较薄，长圆形 -------------------------------- 马雷蛤科 Malletiidae

（二）隐齿亚纲（Cryptodonta Neumayr，1884）

壳质脆薄，两壳相等，前后不等；外韧带，铰合部无齿，或有多枚齿。

隐齿亚纲国内 1 目，蛏螂目（Solemyoida Dall，1889）。

蛏螂目（Solemyoida Dall，1889）

壳圆形、长圆形，两壳相称（等），前后不等，前侧长；壳表面通常平滑，被绿色、褐色壳皮；壳顶小而低，无铰合齿；壳内瓷质。海产，营底内掘孔生活。

蛏螂目仅 1 总科，蛏螂总科（Solemyacea H.et A.Adams，1840）。

蛏螂总科（Solemyacea H.et A.Adams，1840）

壳长方形、卵圆形，两壳相称（等），前后不等；壳皮厚，超出壳的边缘，铰合部无齿，具内韧带或外韧带。

蛏螂总科仅 1 科，蛏螂科（Solemyidae H.et.A.Adams，1857）。

（三）翼形亚纲（Pteriomorphia Beurlen，1949）

壳卵形、长方形或圆形；壳顶两侧常具翼状的前、后耳；铰合齿多或退化，前闭壳肌较小或完全消失；多数种类具足丝，无水管；多以足丝附着生活。翼形亚纲约有 1500 种，其中许多是重要的经济种类。

翼形亚纲分 3 目，蚶目（Arcoida Stoliczka，1871）、贻贝目（Mytiloida Ferussac，1822）、珍珠贝目（Pterioida Newell，1965），分类检索如下。

1（2）铰合齿多，排成 1 列或前后 2 列 ---------------------------- 蚶目 Arcoida

2（1）铰合齿少，退化或没有

3（4）二壳相等，壳顶位于前方 ------------------------------ 贻贝目 Mytiloida

4（3）二壳不等，壳顶位于中间 ------------------------ 珍珠贝目 Pterioida

1. 蚶目（Arcoida Stoliczka，1871）

两壳相称（等），或近相称（等），铰合齿数目多，排成1列或2列。表面常有带毛壳皮。前、后闭壳肌均发达，足部具深沟，常具足丝。外套痕简单。

蚶目分2总科，蚶总科（Arcacea Lamarck，1809）、拟锉蛤总科（Limopsacea Dall，1895），分类检索如下。

1（2）韧带面平，铰合齿平直 ------------------------------ 蚶总科 Arcacea

2（1）三角形内韧带，铰合齿弧形 -------------------- 拟锉蛤总科 Limopsacea

（1）蚶总科（Arcacea Lamarck，1809）

壳形多横长，膨胀。壳顶间有韧带面，壳表常具多毛的壳皮。铰合齿数目多，前后闭壳肌近相等。生活于海洋浅水水域，少数种类生活在半咸水或淡水水域。

蚶总科分4科，蚶科（Arcidae Lamarck，1809）、细饰蚶科（Noetiidae Stewart，1930）、横齿蚶科（Paralletodontidae Dall，1898）、帽蚶科（Cucullaeidae Stewart，1930），分类检索如下。

1（6）壳内无隔板

2（5）铰合部直，铰合齿直立

3（4）放射肋粗，韧带面宽 ------------------------------------ 蚶科 Arcidae

4（3）放射肋细密，韧带面长菱形 ------------------------ 细饰蚶科 Noetiidae

5（2）后部铰合齿平行于铰合部 ------------------ 横齿蚶科 Paralletodontidae

6（1）壳内有隔板 ---------------------------------------帽蚶科 Cucullaeidae

（2）拟锉蛤总科（Limopsacea Dall，1895）

壳圆形或斜卵圆形，两壳侧扁，相等。壳内无珍珠层。海洋浅水或深水底内生活。

拟锉蛤总科分2科，拟锉蛤科（Limopsidae Dall，1895）、蚶蜊科（Glycymerididae Newton，1922），分类检索如下。

1（2）外韧带下沉，三角形内韧带 ----------------------拟锉蛤科 Limopsidae

2（1）复式外韧带，位于前、后齿外区 ------------------蚶蜊科 Glycymerididae

2. 贻贝目（Mytiloida Ferussac，1822）

两壳相称（等），前后不等。外韧带位于壳顶后方，铰合齿一般退化成小结节，前闭壳肌较小或消失，鳃丝间由纤毛盘联系或由结缔组织联系。营附着生活。

贻贝目分2总科，贻贝总科（Mytilacea Rafinesque，1815）、江珧总科（Pinnacea Leach，1819），分类检索如下。

1（2）壳后端紧闭 -- 贻贝总科 Mytilacea

2（1）壳后端开口 -- 江珧总科 Pinnacea

（1）贻贝总科（Mytilacea Rafinesque，1815）

壳楔形，也有呈长方形、柱状或椭圆形等。多数种类壳质较厚，也有较薄的种类。铰合部无齿，或具粒状小齿；一般肌痕明显。外套膜薄，多数种水管不发达，只有一个明显的出水孔。前、后闭壳肌不等，前闭壳肌小，后闭壳肌大而圆。足小，杆状；足丝细软，丝状，较发达。

种类较多，除少数淡水种外，大多数分布在世界各大洋。

贻贝总科仅1科，贻贝科（Mytilidae Rafinesque，1815）。

（2）江珧总科（Pinnacea Leach，1819）

贝壳较大，壳呈扇形或三角形。壳前端尖细，后端宽大。壳表多呈黄褐、黑褐或土黄色等；具细放射肋，肋上有各种小棘。壳内面色浅，具珍珠光泽，肌痕明显。铰合部无齿，韧带长，几乎与背缘等长。足丝孔不明显。足小，较粗短，足丝发状，极发达。

江珧总科全部海产，仅1科，江珧科（Pinnidae Leach，1819）。

3. 珍珠贝目（Pterioida Newell，1965）

又称异柱目、翼蛤目。

铰合齿大多数退化成小结节或完全没有。鳃丝屈折，鳃丝间有纤毛盘相连结，鳃瓣间以结缔组织相连结。前后闭壳肌不等大，或前闭壳肌完全消失。足不发达或退化。

珍珠贝目分2亚目，珍珠贝亚目（Pteriina Newell，1965）、牡蛎亚目（Ostreina Rafinesque，1815）。珍珠贝亚目包括4个总科，珍珠贝总科（Pteriacea Gray，1847）、扇贝总科（Pectinacea Rafinesque，1815）、不等蛤总科（Anomiacea Rafinesque，1815）、锉蛤总科（Limacea Rafinesque，1815）。牡蛎亚目仅1总科，牡蛎总科（Ostreacea Rafinesque，1815），分类检索如下。

1（8）有足丝，附着生活（珍珠贝亚目）

2（3）壳扁平，云母质，具有支持中央韧带的脊状突起 ------不等蛤总科 Anomiacea

3（2）壳较凸，石灰质，无脊状突起

4（5）外韧带，无内韧带 ------------------------------ 珍珠贝总科 Pteriacea

5（4）具内韧带

6（7）壳圆形，放射肋细，生长棘小 ----------------------锉蛤总科 Limacea

7（6）壳扇形，放射肋及生长棘粗大 --------------------- 扇贝总科 Pectinacea

8（1）无足丝，固着生活（牡蛎亚目）-------------------- 牡蛎总科 Ostreacea

（1）珍珠贝总科（Pteriacea Gray，1847）

两壳常不相称（等），壳背缘直，壳顶两侧有时具长耳。一般无铰合齿。足长，呈舌状；足丝腺发达。后闭壳肌接近中央，有时有小的前闭壳肌，无水管。肾孔与生殖孔接近。鳃与外套膜愈合。

珍珠贝总科分3科，珍珠贝科（Pteriidae Gray，1847）、钳蛤科（Isognomonidae Woodring，1925）、丁蛎科（Malleidae Lamarck，1819），分类检索如下。

1（2）壳形较规则，斜，无韧带沟 -------------------------珍珠贝科 Pteriidae

2（1）壳形多不规则，不斜，具韧带沟

3（4）铰合部具多个韧带沟 ------------------------- 钳蛤科 Isognomonidae

4（3）韧带沟只有1个 ------------------------------ 丁蛎科 Malleidae

（2）扇贝总科（Pectinacea Rafinesque，1815）

两壳相称（等）或不相称（等），具有壳耳。一般无铰合齿。外套膜边缘具眼（外套眼）和触手。通常以足丝附着或用贝壳固着生活。

扇贝总科分4科，拟日月贝科（Propeamussiidae Abbott，1954）、海菊蛤科（Spondylidae Gray，1826）、扇贝科（Pectinidae Rafinesque，1815）、襞蛤科（Plicatulidae Watson，1930），分类检索如下。

1（2）壳薄，透明或半透明，仅见于深水水域 -------- 拟日月贝科 Propeamussiidae

2（1）壳厚，不透明，见于浅水水域

3（4）壳大，厚重，放射肋和棘发达 ------------------ 海菊蛤科 Spondylidae

4（3）壳较薄，或小而厚，放射肋和棘不发达

5（6）壳大，较规则，有明显的壳耳 --------------------- 扇贝科 Pectinidae

6（5）壳小，壳形不规则，无壳耳 ----------------------- 襞蛤科 Plicatulidae

（3）不等蛤总科（Anomiacea Rafinesque，1815）

贝壳通常圆形，两壳不相称（等），一般左壳凸出，右壳较平。壳质薄而脆，云母质，半透明。壳表生长线细密，后闭壳肌发达，位于贝壳中央。

不等蛤总科分3科，其中国内2科，不等蛤科（Anomiidae Rafinesque，1815）、海月蛤科（Placunidae Gray，1842），分类检索如下。

1（2）右壳有明显的足丝孔，附着生活 ------------------ 不等蛤科 Anomiidae

2（1）成体无足丝孔，自由生活 ---------------------- 海月蛤科 Placunidae

（4）锉蛤总科（Limacea Rafinesque，1815）

贝壳卵圆形或近三角形，韧带面三角形，铰合部通常无齿。以足丝附着在岩石或其他物体上生活，也能在海水中游泳或用足在海底自由活动。

锉蛤总科仅1科，锉蛤科（Limidae Rafinesque，1815）。

（5）牡蛎总科（Ostreacea Rafinesque，1815）

两壳不相称（等），左壳较大，并用来固着在岩石或外物上。铰合齿和前闭壳肌退化。无足和足丝。

牡蛎总科分2科，牡蛎科（Ostreidae Rafinesque，1815）、缘曲牡蛎科（Gryphaeidae Vyalov，1936），分类检索如下。

1（2）后闭壳肌痕肾形或新月形，位于壳中部或近腹缘 ----------牡蛎科 Ostreidae

2（1）后闭壳肌痕圆形，位置近铰合部而远于腹缘 --------缘曲牡蛎科 Gryphaeidae

（四）古异齿亚纲（Palaeoheterodonta Newell，1965）

两壳相称（等），铰合齿分裂，或分成位于壳顶的拟主齿和长侧齿，前后闭壳肌近相等。

古异齿亚纲国内2目，三角蛤目（Trigonioida Lamarck，1819）、蚌目（Unionoidea Rafinesque，1820），分类检索如下。

1（2）淡水产，壳皮绿色 ------------------------------------ 蚌目 Unionoidea

2（1）海产，壳三角形，壳皮薄 -------------------------- 三角蛤目 Trigonioida

1. 蚌目（Unionoidea Rafinesque，1820）

铰合齿分裂，或者分成位于壳顶下方的拟主齿和向后方延伸的长侧齿，或者退化。一般具有前、后闭壳肌各1个，两者大小接近。鳃构造复杂，鳃丝间和鳃瓣间以血管相连。淡水产。

蚌目主要分2科，蚌科（Unionidae Rafinesque，1820）、珍珠蚌科（Margaritiferidae，Haas，1940），分类检索如下。

1（2）有鳃水管，鳃与肛门以隔膜完全分开 ---------------------蚌科 Unionidae

2（1）无鳃水管，鳃与肛门开口无明显界线 ------------- 珍珠蚌科 Margaritiferidae

2. 三角蛤目 Trigonioida Lamarck，1819

热带海产，地质早期种类多，广泛分布，现仅留少数种，分布于澳洲南部。被认为与淡水蚌目共同起源。

三角蛤目仅1科，三角蛤科（Trigoniidae Lamarck，1819）。

（五）异齿亚纲（Heterodonta Neumayr，1884）

壳形多样，有小月面和楯面，铰合部发达，有主齿、侧齿，外韧带或内韧带。种类多，主要海产。

异齿亚纲分2目，帘蛤目（Veneroida H. et A.Adams，1856）、海螂目（Myoida Stoliczka，1870），分类检索如下。

1（2）铰合齿分化为主齿、侧齿，主要为外韧带 --------------- 帘蛤目 Veneroida

1（2）铰合齿无齿，或两壳各具1枚主齿，内韧带 ----------------海螂目 Myoida

1. 帘蛤目（Veneroida H. et A.Adams，1856）

壳形多样，一般两壳相称（等）；铰合部通常很发达，式样变化很多；主齿强壮，常伴有侧齿发育；韧带多数位于外侧，少数种类有内韧带；闭壳肌为等柱型，前、后闭壳肌痕近相等，水管发达。帘蛤目为双壳类中最大、最多样化的一个类群，已知有2500种以上。

帘蛤目分16个总科，满月蛤总科（Lucinacea Fleming，1828）、猿头蛤总科（Chamacea Lamarck，1809）、薄壳蛤总科（Leptonacea Gray，1847）、心蛤总科（Carditacea Fleming，1820）、厚壳蛤总科（Crassatellacea Ferussac，1822）、鸟蛤总科（Cardiacea Lamarck，1809）、砗磲总科（Tridacnacea Lamarck，1819）、蛤蜊总科（Mactracea Lamarck，1809）、樱蛤总科（Tellinacea Blainville，1814）、竹蛏总科（Solenacea Lamarck，1809）、饰贝总科（Drisswnacea Gray in Turton，1840）、熊蛤总科（Arcticacea Newton，1891）、同心蛤总科（Glossacea Gray，1847）、蚬总科（Corbiculacea Gray，1847）、帘蛤总科（Veneracea Rafinesque，1815）、绿螂总科（Glauconomiacea Gray，1853），分类检索如下。

1（6）壳顶特殊
2（3）固着生活，二壳不相称（等），壳顶螺旋------------ 猿头蛤总科 Chamacea
3（2）二壳相称（等），壳顶不螺旋
4（5）壳顶内卷，二壳膨胀 -------------------------- 同心蛤总科 Glossacea
5（4）壳顶内有隔板，具壳顶腔 ---------------------- 饰贝总科 Drisswnacea
6（1）壳顶正常
7（12）具内外韧带，内韧带位于 2 枚主齿间
8（11）壳脆薄
9（10）壳中、大型，主齿倒“V”形 --------------------蛤蜊总科 Mactracea
10（9）壳小型，主齿结节状------------------------ 薄壳蛤总科 Leptonacea
11（8）壳厚实，无外套窦 --------------------------厚壳蛤总科 Crassatellacea
12（7）不具内韧带
13（18）具足丝
14（15）贝壳极大，二壳不能完全闭合，主齿 2 枚 ----------砗磲总科 Tridacnacea
15（14）贝壳小型，二壳能完全闭合，主齿 2 ～ 3 枚
16（17）后主齿延长 --------------------------------- 心蛤总科 Carditacea
17（16）主齿小 ------------------------------------- 熊蛤总科 Arcticacea
18（13）无足丝
19（20）铰合部具分裂的主齿，淡水产 ------------------ 蚬总科 Corbiculacea
20（19）铰合部多变，铰合齿少或结节状，海产
21（24）贝壳开口
22（23）壳圆形，两端圆 -----------------------------樱蛤总科 Tellinacea
23（22）壳长方形，两端截平 ------------------------- 竹蛏总科 Solenacea
24（21）贝壳不开口
25（30）壳厚实，足发达
26（27）铰合部主齿 3 枚 ----------------------------帘蛤总科 Veneracea
27（26）铰合部主齿 1 ～ 2 枚
28（29）壳顶到后腹缘有明显的放射脊 ------------------ 满月蛤总科 Lucinacea
29（28）壳表面放射肋发达，无放射脊 ------------------- 鸟蛤总科 Cardiacea
30（25）壳薄，足小呈舌状 -------------------------绿螂总科 Glauconomiacea

（1）满月蛤总科（Lucinacea Fleming，1828）

两壳相称（等），壳顶到后腹缘有明显的放射脊，形成前后斜面。壳表通常平，有时有同心或非同心刻纹。海产。

满月蛤总科分 4 科，满月蛤科（Lucinidae Fleming，1828）、镶边蛤科（Fimbriidae Nicol，1950）、索足蛤科（Thyasiridae Dall，1901）、蹄蛤科（Ungulinidae H.et A.Adams，1857），分类检索如下。

1（4）壳厚实、坚硬
2（3）壳圆形、卵圆形或近四方形 ------------------------ 满月蛤科 Lucinidae
3（2）壳呈横向菱形 --------------------------------- 镶边蛤科 Fimbriidae
4（1）壳薄、脆
5（6）铰合部无齿，或不发达 --------------------------- 索足蛤科 Thyasiridae
6（5）铰合部 2 枚主齿，其中 1 枚分叉 -------------------- 蹄蛤科 Ungulinidae

（2）猿头蛤总科（Chamacea Lamarck，1809）

壳坚硬，壳顶螺旋，铰合部至少有 1 枚大型主齿。营固着生活。

猿头蛤总科 1 科，猿头蛤科（Chamidae Lamarck，1809）。

（3）薄壳蛤总科 Leptonacea Gray，1847

壳薄，小型。寄生或与其他动物共生。

薄壳蛤总科主要有凯利蛤科（Kellidae Forbes et Hanley，1848）、孟达蛤科（Montacutidae Turton，1822），分类检索如下。

1（2）铰合部有主齿（左壳 2 枚，右壳 1 枚）----------------- 凯利蛤科 Kellidae
2（1）铰合部无主齿，通常有近对称的侧齿 --------------- 孟达蛤科 Montacutidae

（4）心蛤总科（Carditacea Fleming，1820）

壳质厚，壳圆形至近四边形，壳顶前倾，铰合部后主齿延长。外套痕完整，无外套窦。海产，浅水水域生活，多以足丝附着生活。

心蛤总科 1 科，心蛤科（Carditidae Fleming，1820）。

（5）厚壳蛤总科（Crassatellacea Ferussac，1822）

壳质坚厚，壳圆形至近三角形，有时后部延长。壳表面同心刻纹明显。外套痕完整，无外套窦。生活于海洋浅水区。

厚壳蛤总科 1 科，厚壳蛤科（Crassatellidae Ferussac，1822）。

（6）鸟蛤总科（Cardiacea Lamarck，1809）

两壳相称（等），较膨胀，壳顶突出，内弯，两壳顶几乎相接触，壳表面具放射肋，在壳的后部更粗壮。两壳各有 2 枚锥形主齿，外套痕简单，无外套窦，壳内面腹缘锯齿状。生活于浅海、半咸水域，种类多。

鸟蛤总科 1 科，鸟蛤科（Cardiidae Lamarck，1809）。

（7）砗磲总科（Tridacnacea Lamarck，1819）

壳厚重，特大型，有足丝孔。外套痕完整，无外套窦。生活在珊瑚礁中。

砗磲总科 1 科，砗磲科（Tridacnidae Lamarck，1819）。

（8）蛤蜊总科（Mactracea Lamarck，1809）

两壳相称（等），壳表面平，或具同心刻纹，通常具壳皮。外套痕发达，常具外套窦。外韧带退化，较小，内韧带三角形，位于两壳的着带板上。

蛤蜊总科分3科，蛤蜊科（Mactridae Lamarck，1809）、中带蛤科（Mesodesmatidae Gray，1840）、拟心蛤科（Cardiliidae Fische，1887），分类检索如下。

1（4）壳圆三角形，壳长大于壳高

2（3）壳薄，内韧带发达，着带板凹斜、突出于铰合部 --------- 蛤蜊科 Mactridae

3（2）壳厚，内韧带狭窄，位于2枚主齿间 ------------ 中带蛤科 Mesodesmatidae

4（1）壳心脏形，极膨胀，壳高大于壳长 ---------------- 拟心蛤科 Cardiliidae

（9）樱蛤总科（Tellinacea Blainville，1814）

两壳通常不相称（等），前、后不等，2枚主齿，其中后主齿分叉，外套痕明显，具外套窦。海产，种类多。

樱蛤总科主要有5科，樱蛤科（Tellidae Blainville，1814）、斧蛤科（Donacidae Fleming，1828）、紫云蛤科（Psammobiidae Deshayes，1839）、双带蛤科（Semelidae Stoliczka，1870）、截蛏科（Solecurtidae d'Orbigny，1846），分类检索如下。

1（4）壳顶位于后方

2（3）壳薄，两壳侧扁，后部多向右偏 -----------------------樱蛤科 Tellidae

3（2）壳厚，两壳相称（等），两壳紧闭 -------------------- 斧蛤科 Donacidae

4（1）壳顶位于中间或前方

5（6）外韧带发达，齿丘宽大 ----------------------- 紫云蛤科 Psammobiidae

6（5）外韧带不发达

7（8）外韧带弱，内韧带发达 ---------------------------双带蛤科 Semelidae

8（7）无内韧带 ------------------------------------ 截蛏科 Solecurtidae

（10）竹蛏总科（Solenacea Lamarck，1809）

壳脆、薄，两壳侧扁或呈圆柱状，前后端开口，壳顶低平。

竹蛏总科2科，竹蛏科（Solenidae Lamarck，1809）、刀蛏科（Cultellidae Davuesm1935），分类检索如下。

1（2）壳两端截平，主齿1枚 -------------------------- 竹蛏科 Solenidae

2（1）壳两端弧形，右壳主齿2枚 ----------------------- 刀蛏科 Cultellidae

（11）饰贝总科（Drisswnacea Gray in Turton，1840）

壳形似贻贝，壳内无珍珠光泽。外韧带下沉，铰合部无齿。

饰贝总科1科，饰贝科（Dreissenidae Gray in Turton，1840）。

（12）熊蛤总科 Arcticacea Newton，1891

两壳近相称（等），前后不等，壳紧闭，铰合部两壳各有3枚主齿，左壳有1枚后侧齿，右壳2枚前侧齿常与主齿相接，外韧带。

熊蛤总科分2科，小凯利蛤科（Kelliellidae Fischer，1887）、棱蛤科（Trapeziidae Lamy，1920），分类检索如下：

1（2）壳微小，近圆形，膨胀 ---------------------- 小凯利蛤科 Kelliellidae

2（1）壳中型，略呈长方形 ---------------------------- 棱蛤科 Trapeziidae

（13）同心蛤总科（Glossacea Gray，1847）

两壳相称（等），较膨胀，前后不等，两壳通常有主齿 2 ～ 3 枚。

同心蛤总科分 2 科，同心蛤科（Glossidae Gray，1847）、囊螂蛤科（Vesicomyidae Dall，1908），分类检索如下。

1（2）壳顶前倾，内卷，侧齿有变化 ---------------------- 同心蛤科 Glossidae

2（1）壳顶突出，通常不具侧齿 --------------------- 囊螂蛤科 Vesicomyidae

（14）蚬总科（Corbiculacea Gray，1847）

壳圆形、三角卵圆形，壳表面平，具同心刻纹。两壳各有 3 枚主齿，侧齿 1 ～ 2 枚，片状。外套痕简单，或具浅的外套窦。生活于淡水或咸淡水水域中。

蚬总科 1 科，蚬科（Corbiculidae Gray，1847）。

（15）帘蛤总科（Veneracea Rafinesque，1815）

两壳相称（等），壳形有变化，壳顶位于背部中央之前，并前倾，两壳各有主齿 3 枚，侧齿有变化，外套痕明显，具外套窦。

帘蛤总科分 2 科，帘蛤科（Veneridae Rafinesque，1815）、住石蛤科（Petricolidae Deshayes，1819），分类检索如下。

1（2）具小月面和楯面 --------------------------------- 帘蛤科 Veneridae

2（1）无小月面和楯面，无侧齿 ----------------------住石蛤科 Petricolidae

（16）绿螂总科（Glauconomiacea Gray，1853）

两壳相称（等），壳顶低，位于背部中央之前，壳皮发达，呈绿色。外韧带。两壳各有 3 枚主齿，通常后主齿分叉，无侧齿。淡水或咸淡水水域中生活。

绿螂总科 1 科，绿螂科（Glauconomidae Gray，1853）。

2. 海螂目（Myoida Stoliczka，1870）

壳薄；两壳相称（等）或不相称（等），前后由略不等边到极度不等边。贝壳全由霰石所构成，无珍珠壳层；小月面与楯面不发育或发育不佳；壳顶不突出。内韧带位于 1 个匙状的着带板上；闭壳肌为等柱型或异柱型；铰合部无齿，或在两壳各有 1 个类似主齿的瘤状突起（与异齿型铰合齿的主齿不同源）。营掘穴生活类群的水管很发达。

海螂目分 4 总科，海笋总科（Pholadacea Lamarck，1809）、海螂总科（Myacea Lamarck，1809）、开腹蛤总科（Gastrochaenacea Gray，1840）、缝栖蛤总科（Hiatellacea Gray，1824），分类检索如下。

1（2）有副壳，或铠片 --------------------------------- 海笋总科 Pholadacea

2（1）无副壳

3（4）内韧带 -- 海螂总科 Myacea

4（3）外韧带

5（6）前腹缘或整个腹缘开口 -------------------- 开腹蛤总科 Gastrochaenacea

6（5）壳前后端开口 ----------------------------------缝栖蛤总科 Hiatellacea

（1）海螂总科（Myacea Lamarck，1809）

壳顶前后无小月面、楯面，铰合部无齿或两壳各具 1 枚主齿，内韧带，附着于匙状着带板上。

海螂总科分 2 科，篮蛤科（Corbulidae Lamacck，1818）、海螂科（Myidae Lamacck，1809），分类检索如下。

2（3）二壳紧闭 ------------------------------------篮蛤科 Corbulidae

3（2）贝壳二端开口 -----------------------------------海螂科 Myidae

（2）缝栖蛤总科（Hiatellacea Gray，1824）

壳方形或长方形，前后端开口，铰合部主齿 1 ～ 2 枚，无侧齿，外韧带。

缝栖蛤总科 1 科，缝栖蛤科（Hiatellidae Gray，1824）。

（3）开腹蛤总科（Gastrochaenacea Gray，1840）

壳薄，前腹缘或整个腹缘开口。铰合部无齿或具 1 个退化的主齿，外韧带。

开腹蛤总科 1 科，开腹蛤科（Gastrochaenidae Gray，1840）。

（4）海笋总科（Pholadacea Lamarck，1809）

两壳相称（等），前后开口。有副壳或铠片，以及石灰质管。多海产，少数见于半咸水域中。凿木、石而穴居。

海笋总科分 3 科，海笋科（Pholadidae Lamarck，1809）、船蛆科（Teredinidae Rafinesque，1815）、凿木蛤科（Xylophaginidae Purchon，1941），分类检索如下。

1（4）壳顶内窝有壳内柱

2（3）有铰合部 ------------------------------------海笋科 Pholadidae

3（2）壳退化，无铰合部，水管基部有铠片 ----------------- 船蛆科 Teredinidae

4（1）无壳内柱 -------------------------------- 凿木蛤科 Xylophaginidae

（六）异韧带亚纲（Anomalodesmata Dall，1889）

两壳常不相称（等），壳内面一般具有珍珠光泽。铰合齿缺乏或比较弱。韧带常在壳顶内方的匙状槽中，而且常常具有石灰质小片。一般雌雄同体。

异韧带亚纲分笋螂目（Pholadomyoida）和隔鳃目（Septibranchida）。笋螂目铰合部退化或具有匙状突出的韧带槽，外鳃瓣或多或少退化；隔鳃目鳃演变成一个肌肉横隔膜。

异韧带亚纲国内 1 目，笋螂目（Pholadomyoida Newell，1965）。笋螂目分 4 总科，筒蛎总科（Clavagellacea d'Orbigny，1844）、笋螂总科（Pholadomyacea Gray，1847）、帮斗蛤总科（Pandoracea Rafinesque，1815）、孔螂总科（Poromyacea Dall，1886），分类检索如下。

1（2）成体壳退化，包被于长的石灰质管中 ------------- 筒蛎总科 Clavagellacea

2（1）壳形多变

3（4）内韧带不发达 ------------------------------ 笋螂总科 Pholadomyacea
4（3）内韧带发达，有石灰质韧带片
5（6）两壳开口 ---------------------------------- 帮斗蛤总科 Pandoracea
6（5）壳紧闭 ------------------------------------ 孔螂总科 Poromyacea

（1）筒蛎总科（Clavagellacea d’Orbigny，1844）

幼时贝壳具珍珠层，成体贝壳退化，贝壳包被于石灰质管中。世界各大洋生活。

筒蛎总科国内1科，筒蛎科（Clavagellidae d’Orbigny，1844）。

（2）孔螂总科（Poromyacea Dall，1886）

壳圆形或长圆形，通常不开口。铰合部有发育不全的主齿和侧齿。

孔螂总科主要分3科，旋心蛤科（Verticordiidae Stoliczka，1871）、孔螂科（Poromyidae Dall，1886）、杓蛤科（Cuspidariidae Dall，1886），分类检索如下。

1（2）壳表有放射肋 ------------------------------ 旋心蛤科 Verticordiidae
2（1）壳表光滑，无放射肋
3（4）壳顶中位，后部不延长 -------------------------- 孔螂科 Poromyidae
4（3）壳后部延长，壳形呈杓状 ---------------------- 杓蛤科 Cuspidariidae

（3）笋螂总科（Pholadomyacea Gray，1847）

两壳相称（等），前后不等。壳顶常被磨损。多为化石种。

笋螂总科仅1科，笋螂科（Pholadomyidae Gray，1847）。

（4）帮斗蛤总科（Pandoracea Rafinesque，1815）

两壳通常不相称（等），壳表常有粒状突起，外韧带有变化，内韧带通常发达，其上有石灰质韧带片，壳内珍珠层薄。海洋生活，个别种生活在河口半咸水域中。

帮斗蛤总科分6科，鸭嘴蛤科（Laternulidae Hedley，1918）、短吻蛤科（Periplomatidae Dall，1895）、帮斗蛤科（Pandoridae Rafinesque，1815）、里昂司蛤科（Lyonsiidae Fischer，1887）、螂猿头蛤科（Myochamidae Bronn，1862）、色雷西蛤科（Thracidae Stoliczka，1780），分类检索如下。

1（4）壳顶有裂缝
2（3）左壳凸，大于右壳 ---------------------------- 鸭嘴蛤科 Laternulidae
3（2）右壳凸，大于左壳 ---------------------------- 短吻蛤科 Periplomatidae
4（1）壳顶完整无裂缝
5（6）铰合部有齿 -------------------------------- 帮斗蛤科 Pandoridae
6（5）铰合部无齿
7（8）壳开口，壳表有放射线 ---------------------- 里昂司蛤科 Lyonsiidae
8（7）壳不开口，壳表无放射线
9（10）壳厚，两壳扁平 -------------------------- 螂猿头蛤科 Myochamidae
10（9）壳脆薄，两壳凸 -------------------------- 色雷西蛤科 Thracidae

五　生活习性

双壳类的生活类型主要有以下几种：埋栖生活、固着生活、附着生活、凿穴生活及其他生活类型（如寄生、共生生活）。生活方式、生活环境与贝壳的形态有一定的相关性，从贝壳的一些形态特征，可以初步判别贝类的生活方式与生活的环境。

（一）埋栖生活

绝大部分的双壳类都营埋栖生活。用足部在泥沙滩上挖掘，通过足部反复的伸缩、充盈，不断插入泥沙中，把整个身体拖入泥沙，埋栖在泥沙滩上。

足部用来挖掘泥沙，因此足部比较发达。因埋栖于泥沙中，与外界环境的物质、能量交流，需要依靠水管来沟通，所以水管比较发达。

因沙、泥的物理性状不同，生活在沙（砂）中与生活在软泥中的个体，其形态有一定的差异。埋栖深度不同，贝壳形态也有差异。主要观察点有：壳的厚薄、两壳紧闭与否、贝壳颜色、贝壳形状等。

（二）固着生活

固着生活类型是指终生固着在外物上，不再移动，如牡蛎科、猿头蛤科、海菊蛤科的种类。成体一般足部退化、两壳紧闭、壳加厚、内韧带、无水管，一般集聚生活。

（三）附着生活

附着生活类型是指用足丝附着在外物上，如扇贝科、贻贝科的种类。如果环境条件不适合，可以切断足丝，自由移动寻找合适的生活地，足丝一般角质（硬蛋白），也有石灰质。成体足部一般退化、两壳紧闭、外韧带或内韧带、无水管，常集聚生活。

（四）凿穴生活

凿穴生活类型是指穿凿岩石、木材等较硬的底质，穴居生活，如船蛆科、石蛏类、海笋科的一些种类。成体贝壳一般较脆薄，水管长的种类一般不能把水管缩入壳内，或无水管，足部一般退化。

（五）其他生活类型

包括浮游（漂浮）生活、寄生生活、共生生活等，贝类幼虫营浮游生活。文蛤、斧蛤等种类有迁移习性。

六 经济价值

贝壳美丽，肉质鲜嫩，营养丰富，又较易捕获，因此早在渔猎时代，就已经成为人类利用的对象。

双壳贝类含有丰富的蛋白质、无机盐和各种维生素等，绝大多数的双壳贝类都可供食用，如海产的蚶类（Ark Shells）、牡蛎类（Oysters）、贻贝类（Mussels）、扇贝类（Scallops）、各种蛤类（Clams）等。食用价值较高的双壳贝类已开始大量商品化养殖，我们可以在各地的农贸市场购买。食用贝类一般以鲜食为主，贝类个体死亡后会快速腐败，不宜食用。清蒸、煲汤最为简单、方便。除鲜食外，还可以干制、腌制，也可罐藏，干制品有淡菜（贻贝干、贡干）、干贝（扇贝闭壳肌干制品）、蚝豉（牡蛎干）、蛏干、蛤干等。

不少贝类可以作为中药材。珍珠是名贵的中药材，具有清热、解毒、平肝、安神等作用，珍珠及珍珠层粉在我国已用于配制多种中成药。瓦楞子（蚶）、牡蛎等是传统的中药材。已从蛤类、牡蛎中找到许多抗病毒的成分；从硬壳蛤中提取的蛤素，能够抑制肿瘤生长等。

资源丰富、产量高的小型低值贝类，可以作为农田肥料或家禽饲料。如肌蛤、鸭嘴蛤、篮蛤等，壳薄肉嫩，用作饲料，饲喂猪、鸭、鱼、虾、蟹等，也是价格低廉的海肥。很多贝壳磨成的粉和贝类内脏渣，可作为农肥和饲料；牡蛎壳粉能增强家禽的体质和抗疫力，是饲养家禽的辅助饲料。

贝壳是烧制石灰的良好原料，特别是产量大的种类，如牡蛎、蚶类等，为建筑用石灰提供了部分来源。珍珠层比较厚的贝壳，如各种淡水蚌、海产的珍珠贝等，是制造纽扣和珍珠核的原料。

很多贝壳具有独特的形状和花纹、丰富的光泽和色彩，如日月贝、珍珠贝等，都是受人喜爱的观赏品。用各种贝类贝壳雕刻装饰而成的工艺贝雕，可与木雕、玉雕、牙雕等相媲美，并有其独特的风格。我国古代的螺钿，是用贝壳在木器上镶嵌雕制而成，是珍贵的艺术品。珍珠是珍贵的装饰品，珍珠的发现增加了贝类的价值。

第二篇

各　论

胡桃蛤科
NUCULIDAE

指纹蛤

Acila divaricata（R. B. Hinds，1843）

中文异名: 银锦蛤
产地: 东海海域
规格（mm）: 13

奇异指纹蛤

Acila mirabilis（A. Adams et Reeve，1850）

产地: 东海海域
规格（mm）: 30

神奇胡桃蛤

Ennucula mirifica（W. H. Dall，1907）

中文异名：神奇银锦蛤
产地：东海海域
规格（mm）：13

豆形胡桃蛤

Nucula faba F. S. Xu，1999

产地：浙江海域
规格（mm）：8

美艳胡桃蛤

Nucula puelcha A. D. d'Orbigny，1846

中文异名：美艳银锦蛤
产地：乌拉圭
规格（mm）：14

吻状蛤科
NUCULANIDAE

胖小囊蛤

Nuculana fastigata A. M. Keen, 1958

中文异名：胖吻状蛤
产地：巴拿马
规格（mm）：30

绫衣蛤科
YOLDIIDAE

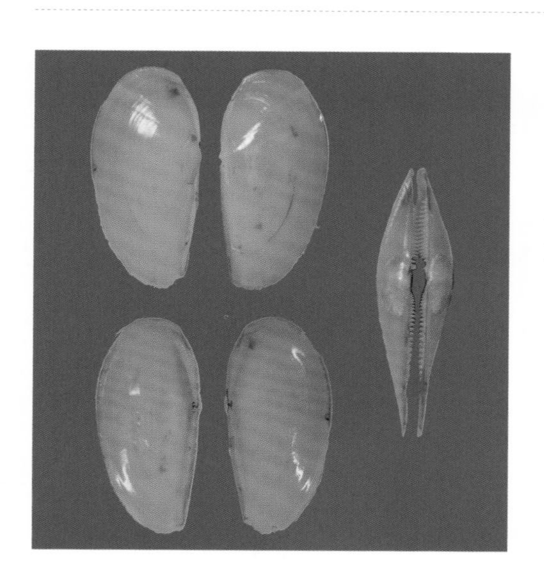

薄云母蛤

Yoldia similis T. Kuroda et Habe in Habe, 1961

产地：中国台湾地区
规格（mm）：17

马雷蛤科
MALLETIIDAE

曲明马雷蛤

Malletia cumingii（S. C. T. Hanley, 1860）

中文异名：曲明豌豆蛤
产地：阿根廷
规格（mm）：26

异侧马雷蛤

Malletia inaequilateralis T. Habe, 1951

中文异名：荷包豌豆蛤
产地：浙江海域
规格（mm）：15

黄锦蛤科
NEILONELLIDAE

黄锦蛤

Carinineilo carinifera（T. Habe，1951）

产地：浙江海域

规格（mm）：15

贻贝科
MYTILIDAE

大杏蛤

Amygdalum watsoni（E. A. Smith，1885）

中文异名：华特森贻贝

产地：东海海域

规格（mm）：40

凸壳肌蛤

Arcuatula senhousia（Benson in Cantor, 1842）

中文异名：寻氏肌蛤
同物异名：*Musculus senhousia*
产地：福建厦门
规格（mm）：20
备注：常见种

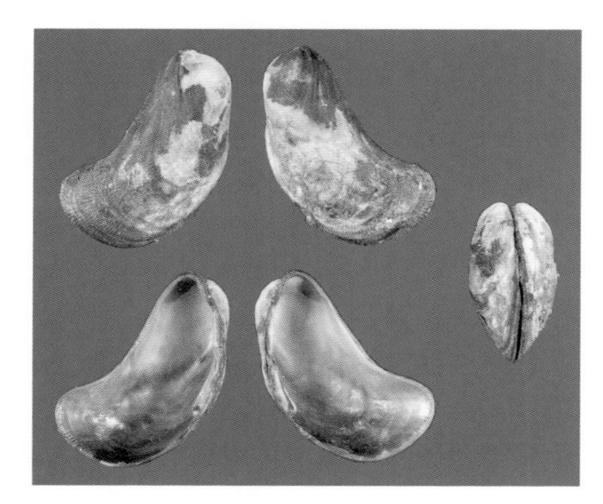

锥形短齿蛤

Brachidontes setiger（W. R. Dunker, 1856）

中文异名：刻缘短齿蛤
产地：广西北海
规格（mm）：25

Geukensia demissa granosissima G. B. Sowerby Ⅲ, 1914

中文异名：强肋壳菜蛤
产地：墨西哥
规格（mm）：60

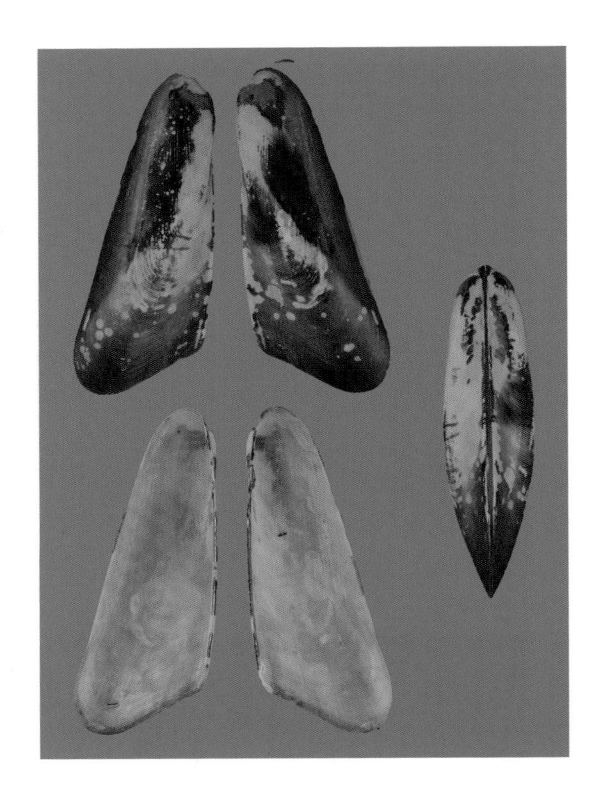

长偏顶蛤

Joly elongatus（W. Swainson, 1821）

同物异名: *Modiolus elongatus*
产地: 菲律宾
规格（mm）: 110

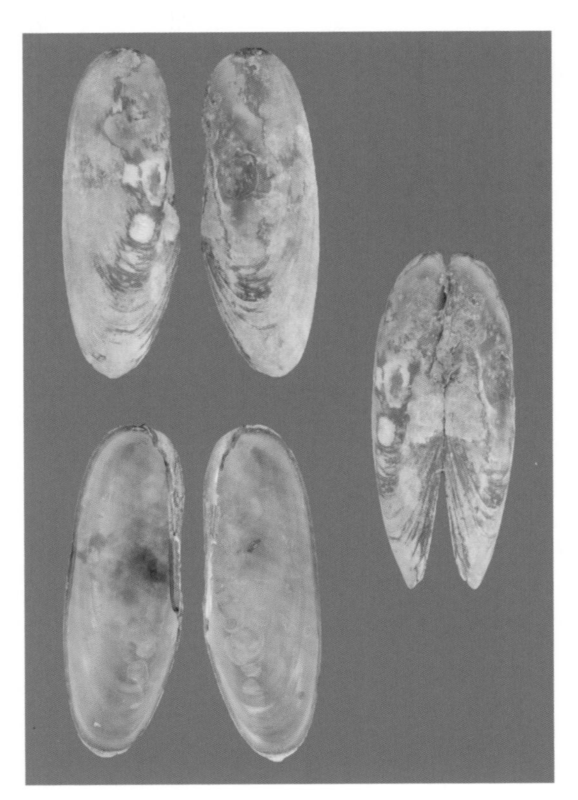

短石蛏

Leiosolenus lischkei M. Huber, 2010

同物异名: *Lithophaga curta*
产地: 浙江宁波渔山岛
规格（mm）: 25
备注: 常见种

黑荞麦蛤

Limnoperna atrata（C. E. Lischke, 1871）

同物异名: *Xenostrobus atratus*
产地: 浙江宁波松兰山
规格（mm）: 12
备注: 常见种

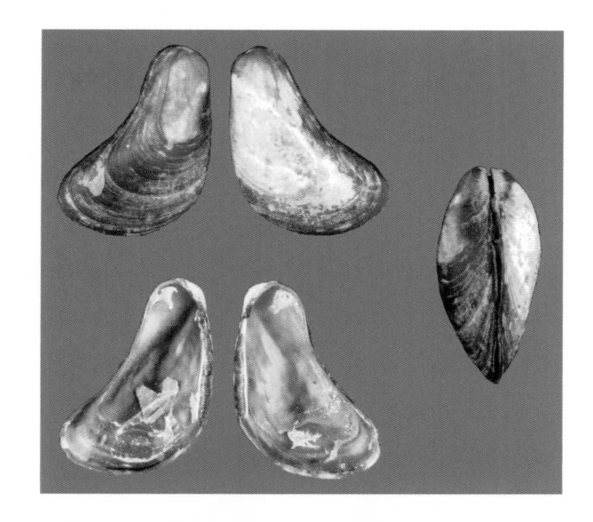

暹罗荞麦蛤

Limnoperna siamensis（Morelet, 1875）

中文异名: 暹罗贻贝
产地: 泰国
规格（mm）: 14

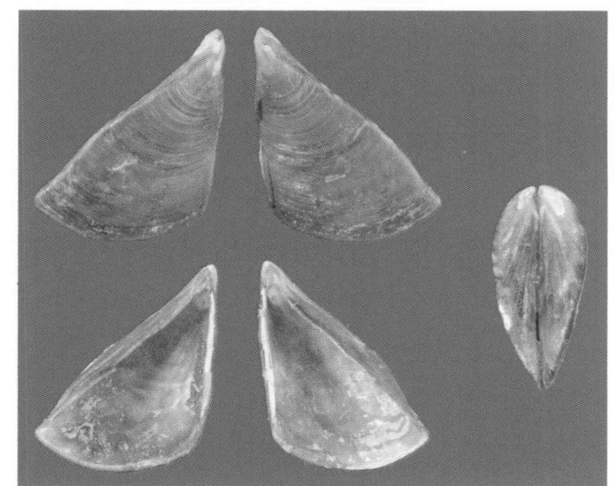

Lioberus agglutinans（F. J. Cantraine, 1835）

中文异名: 胖贻贝
产地: 西班牙
规格（mm）: 38

剪刀石蛏

Lithophaga aristata（L. W. Dillwyn, 1817）

中文异名: 剪刀石蜊
产地: 厄瓜多尔
规格（mm）: 15

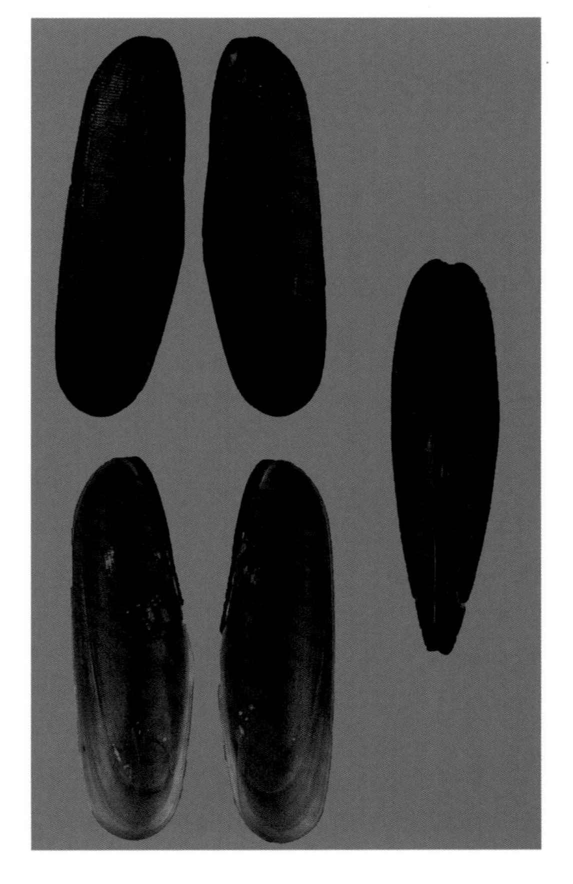

光石蛏

Lithophaga teres（R. A. Philippi, 1846）

产地: 中国台湾澎湖
规格（mm）: 50

带偏顶蛤
Modiolus comptus G. B. Sowerby Ⅲ, 1915

产地: 浙江舟山东极岛
规格(mm): 30
备注: 常见种

远东偏顶蛤
Modiolus kurilensis F. R. Bernard, 1983

中文异名: 远东贻贝
同物异名: *Modiolus modiolus*
产地: 辽宁大连(农贸市场)
规格(mm): 78

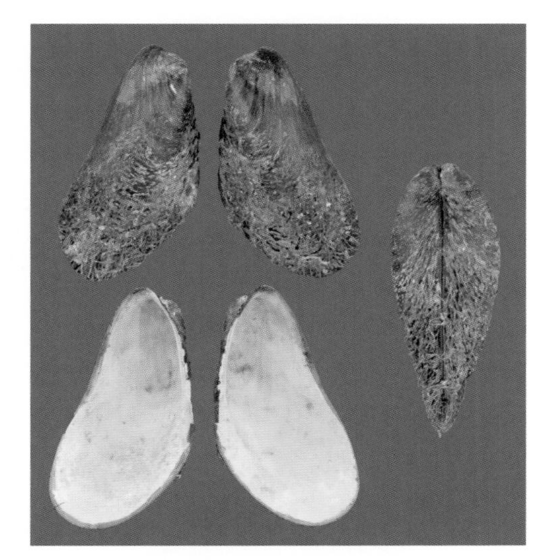

鲁拉塔偏顶蛤
Modiolus lulat(P. Dautzenberg, 1891)

中文异名: 鲁拉塔贻贝
产地: 西班牙
规格(mm): 38

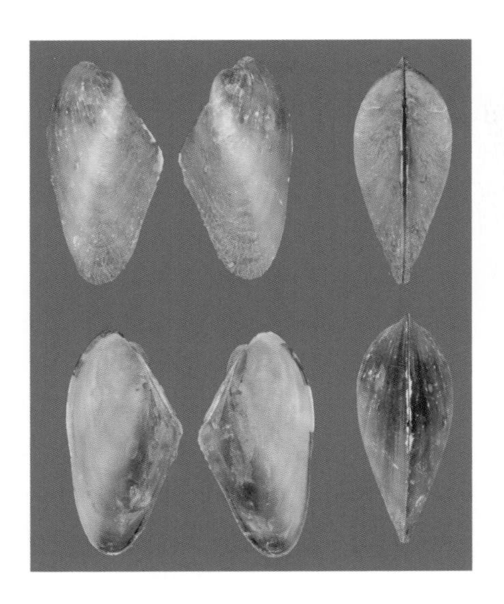

麦氏偏顶蛤

Modiolus metcalfei（S. C. T. Hanley, 1844）

中文异名：角偏顶蛤
产地：浙江宁波
规格（mm）：40

鸟嘴偏顶蛤

Modiolus modulaides（P. F. Röding, 1798）

中文异名：鸟嘴贻贝
产地：中国台湾地区
规格（mm）：67

日本偏顶蛤

Modiolus nipponicus（K. Oyama, 1950）

产地：浙江舟山嵊山岛
规格（mm）：20

拉菲偏顶蛤

Modiolus rumphii（R. A. Philippi, 1847）

中文异名：拉菲贻贝
产地：泰国
规格（mm）：117

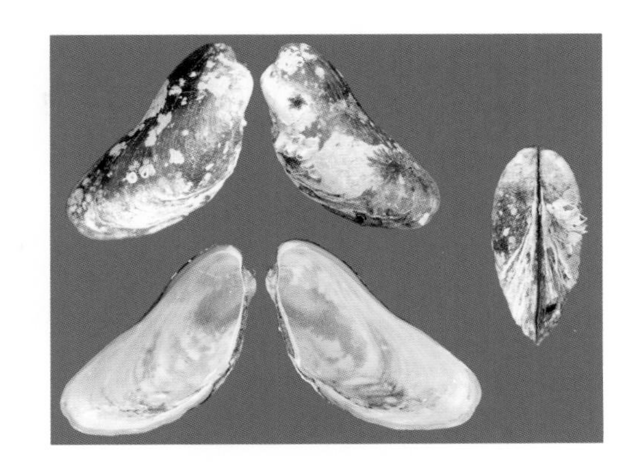

Mytella charruana A. D. d'Orbigny, 1842

中文异名：弓形贻贝
产地：巴拿马
规格（mm）：40

Mytillaster lineatus（J. F. Gmelin, 1791）

中文异名：美线贻贝
产地：意大利
规格（mm）：18

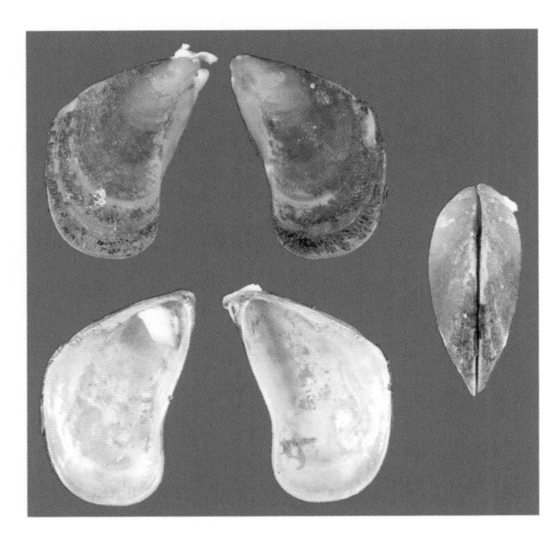

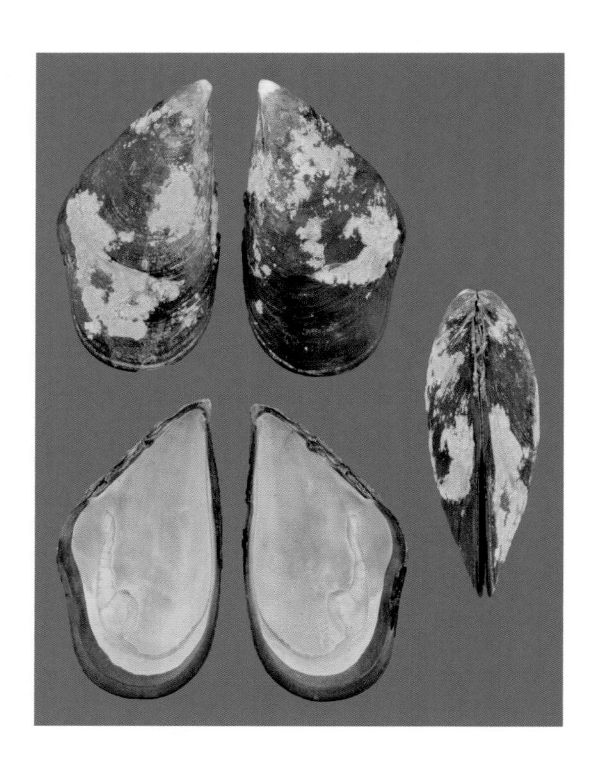

厚壳贻贝

Mytilus coruscus A. A. Gould, 1861

产地: 浙江舟山东极岛
规格(mm): 80
备注: 养殖种

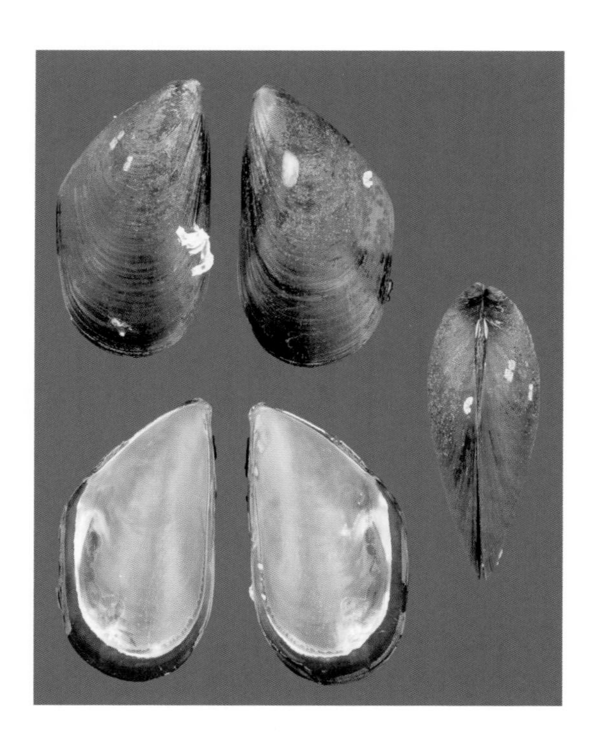

紫贻贝

Mytilus galloprovincialis Lamarck, 1819

中文异名: 地中海壳菜蛤
产地: 浙江舟山嵊山岛
规格(mm): 50
备注: 养殖种

翡翠股贻贝

Perna viridis（Linnaeus, 1758）

中文异名: 翡翠贻贝
产地: 福建厦门
规格（mm）: 50
备注: 养殖种

阿哥半贻贝

Semimytilus algosus（A. A. Gould, 1850）

中文异名: 阿哥贻贝
产地: 智利
规格（mm）: 44

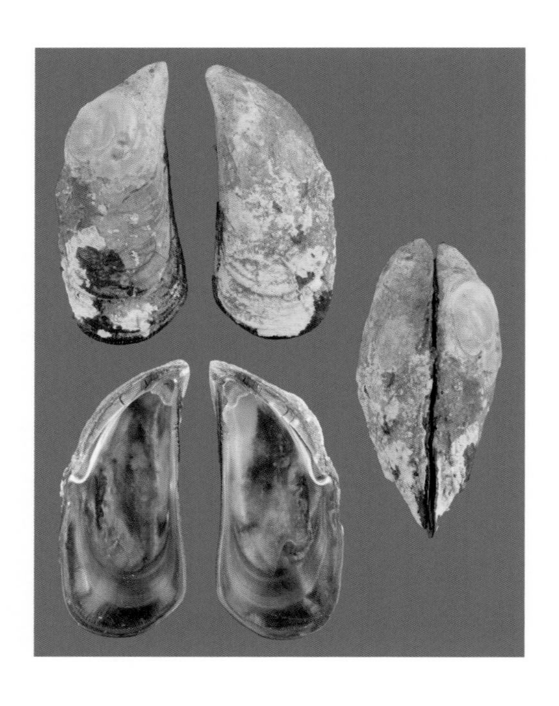

隆起隔贻贝

Septifer excisus（A. F. A. Wiegmann，1837）

产地：浙江温州南麂岛
规格（mm）：25

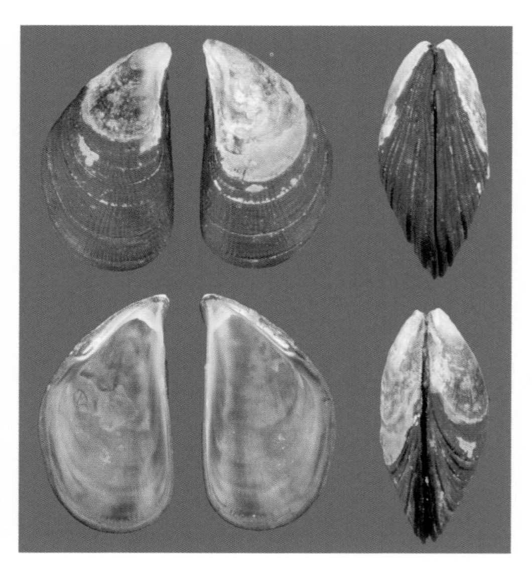

肯氏隔贻贝

Septifer keenae（S. Nomura，1936）

产地：浙江舟山朱家尖岛
规格（mm）：25

条纹隔贻贝

Septifer virgatus（A. F. A. Wiegmann，1837）

产地：浙江舟山朱家尖岛
规格（mm）：30
备注：常见种

江珧科
PINNIDAE

栉江珧
Atrina pectinata (Linnaeus, 1767)

产地: 海南海口(农贸市场)
规格(mm): 120

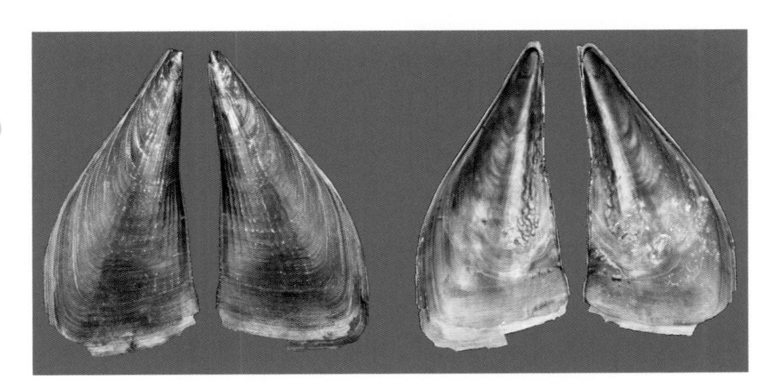

二色裂江珧
Pinna bicolor J. F. Gmelin, 1791

中文异名: 细长裂江珧
产地: 福建福州
规格(mm): 150

蚶科
ARCIDAE

粗白蚶

Acar gradata（W. J. Broderip et G. B. Sowerby Ⅰ, 1829）

中文异名: 格子魁蛤
产地: 哥斯达黎加
规格（mm）: 24

古蚶

Anadara antiquata（Linnaeus, 1758）

产地: 海南
规格（mm）: 38

魁蚶

Anadara broughtonii（L. I. von Schrenck，1867）

同物异名: *Scapharca broughtonii*
产地: 辽宁大连（农贸市场）
规格（mm）: 56

长粗饰蚶

Anadara concinna（G. B. Sowerby Ⅰ，1833）

中文异名: 长魁蛤
产地: 巴拿马
规格（mm）: 38

联球蚶

Anadara consociata（E. A. Smith，1885）

中文异名: 联珠蚶
产地: 海南海口（农贸市场）
规格（mm）: 28

角粗饰蚶

Anadara cornea（L. A. Reeve, 1844）

中文异名：角毛蚶
同物异名：*Scapharca cornea*
产地：福建厦门（农贸市场）
规格（mm）：30

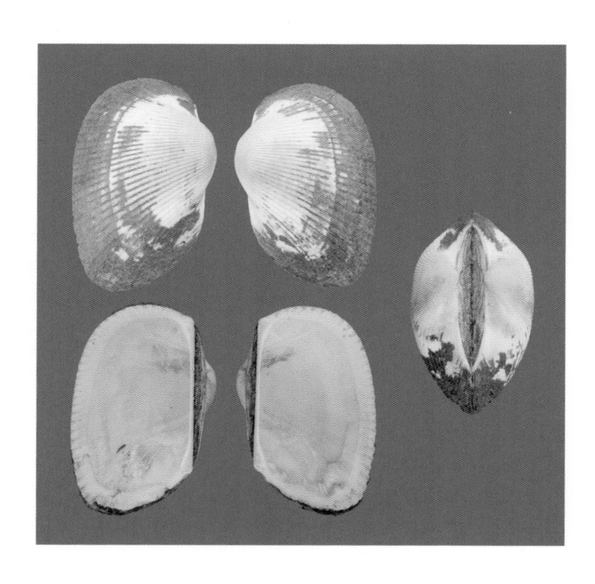

密肋粗饰蚶

Anadara crebricostata（L. A. Reeve, 1844）

产地：广西钦州
规格（mm）：40

狄路粗饰蚶

Anadara diluvii（L. A. Reeve, 1844）

中文异名：狄路魁蛤
产地：西班牙
规格（mm）：20

胀粗饰蚶

Anadara globosa（L. A. Reeve，1844）

中文异名：比那毛蚶
同物异名：*Scapharca binakaganensis*
产地：海南海口
规格（mm）：50

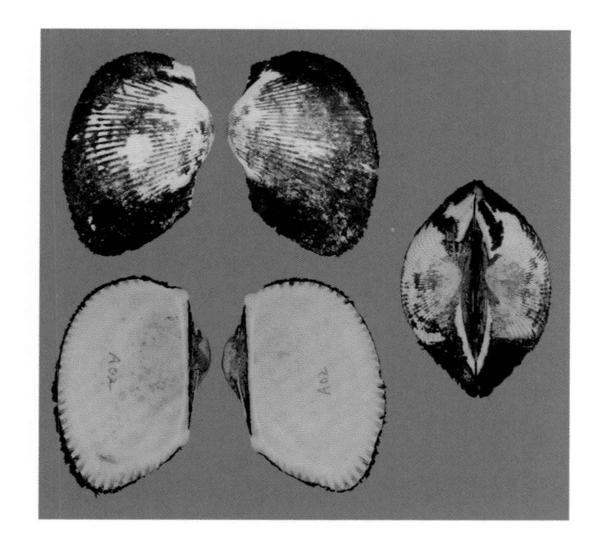

广东毛蚶

Anadara guangdongensis F. R. Bernard，Cai et Morton，1993

中文异名：异毛蚶
同物异名：*Scapharca guangdongensis*
产地：福建福州
规格（mm）：32

舵粗饰蚶

Anadara gubernaculum（L. A. Reeve，1844）

中文异名：舵毛蚶
同物异名：*Scapharca gubernaculum*
产地：广西钦州
规格（mm）：35

不等壳毛蚶

Anadara inaequivalvis（J. B. Bruguière，1789）

同物异名：*Scapharca inaequivalvis*
产地：海南
规格（mm）：35

毛蚶

Anadara kagoshimensis（S. Tokunaga，1906）

同物异名：*Scapharca subcrenata*
产地：浙江宁波
规格（mm）：28
备注：养殖种

雷氏粗饰蚶

Anadara reinharti（H. N. Lowe，1935）

中文异名：雷氏魁蛤
产地：巴拿马
规格（mm）：37

赛氏毛蚶

Anadara satowi F. R. Bernard, Cai et Morton, 1993

中文异名：萨提瓦魁蛤
同物异名：*Anadara sativa*
产地：辽宁大连
规格（mm）：41

梯形粗饰蚶

Anadara trapezia（G. P. Deshayes, 1839）

中文异名：梯形魁蛤
产地：澳大利亚
规格（mm）：80

鹅绒粗饰蚶

Anadara uropigmelana（J. B. G. Bory de Saini-Vincent, 1827）

同物异名：*Anadara holoserica*
产地：海南海口（农贸市场）
规格（mm）：45

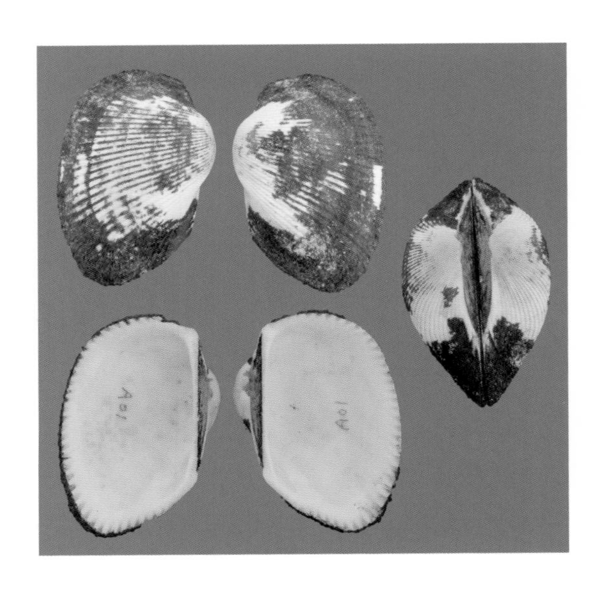

夹粗饰蚶

Anadara vellicata（L. A. Reeve，1844）

产地：海南海口（农贸市场）
规格（mm）：40

布氏蚶

Arca boucardi F. P. Jousseaume，1894

产地：浙江温州南麂岛
规格（mm）：45

舟蚶

Arca navicularis J. G. Bruguière，1789

中文异名：鹰翼魁蛤
产地：海南
规格（mm）：47

榛蚶

Arca ocellata L. A. Reeve, 1844

中文异名: 眼蚶
产地: 浙江舟山朱家尖岛
同物异名: *Arca avellana*
规格（mm）: 20

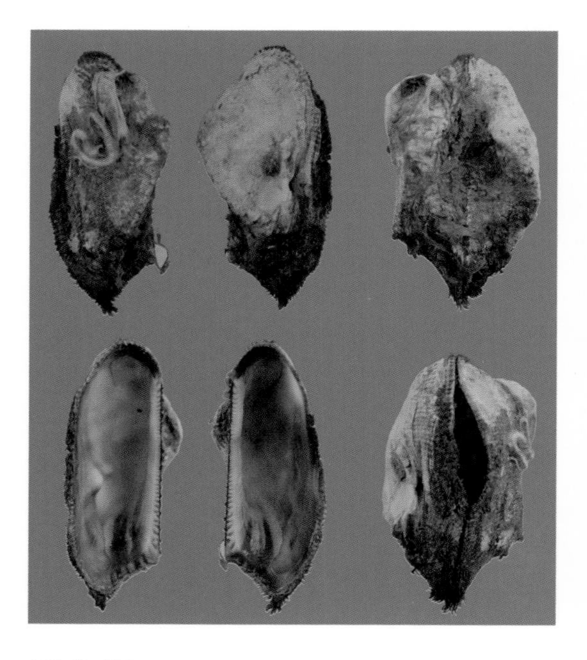

锐角蚶

Arca patriarchalis P. F. Röding, 1798

中文异名: 锐角魁蛤
产地: 山东青岛
规格（mm）: 28

偏胀蚶

Arca ventricosa Lamarck, 1819

中文异名: 鞋魁蛤
产地: 澳大利亚
规格（mm）: 57

棕蚶

Barbatia amygdalumtostum P. F. Röding, 1798

中文异名: 红杏胡魁蛤
产地: 澳大利亚
规格(mm): 44

白须蚶

Barbatia candida(G. S. Helbling, 1779)

中文异名: 白胡魁蛤
产地: 巴西
规格(mm): 49

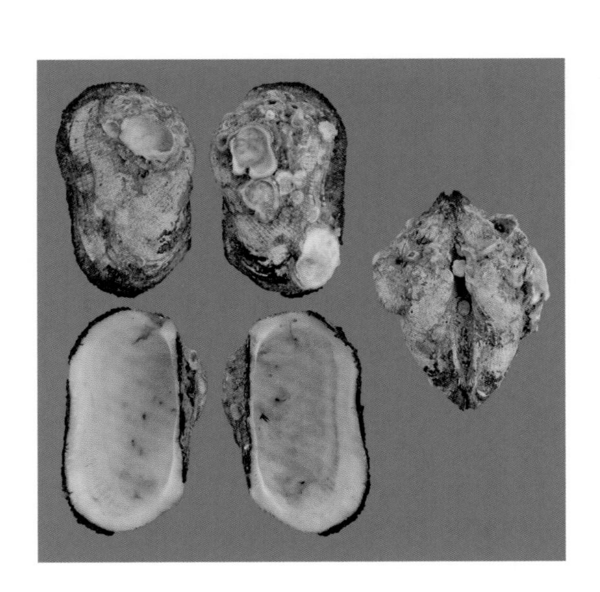

布纹蚶

Barbatia grayana(W. R. Dunker, 1867)

中文异名: 布纹须蚶
产地: 福建厦门(农贸市场)
规格(mm): 40

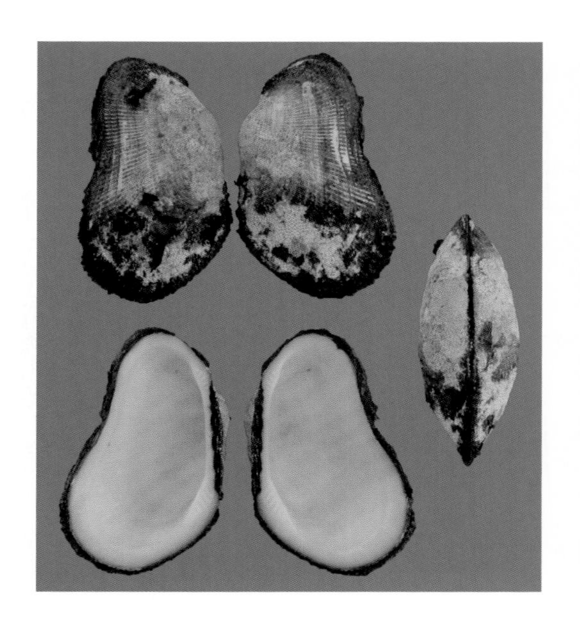

青蚶

Barbatia obliquata（W. Wood，1828）

中文异名: 歪斜胡魁蛤
产地: 浙江温州南麂岛
规格（mm）: 30
备注: 常见种

匹丝须蚶

Barbatia pistachia（Lamarck，1819)

中文异名: 匹丝魁蛤
产地: 澳大利亚
规格（mm）: 47

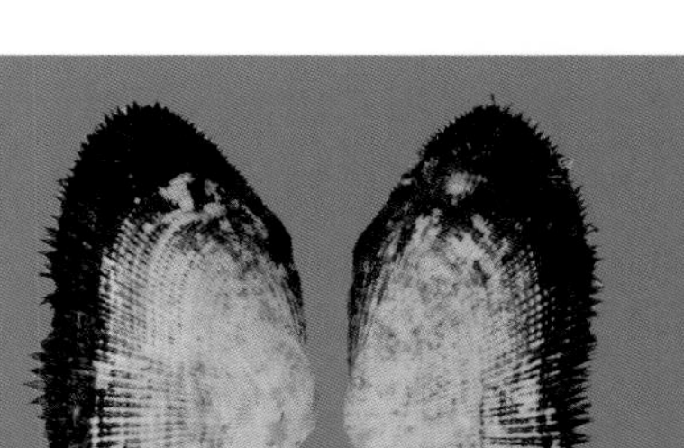

芮氏须蚶

Barbatia reeveana（A. D. d'Orbigny, 1876）

中文异名: 芮氏胡魁蛤
产地: 巴拿马
规格（mm）: 74

泥蚶

Tegillarca granosa（Linnaeus，1758）

产地：浙江宁波
规格（mm）：30
备注：养殖种

结蚶

Tegillarca nodifera（C. E. von Martens，1860）

产地：广西钦州
规格（mm）：28

半扭蚶

Trisidos semitorta（Lamarck，1819）

产地：海南海口（农贸市场）
规格（mm）：65

扭蚶

Trisidos tortuosa（Linnaeus，1758）

中文异名：扭魁蛤
产地：福建厦门
规格（mm）：75

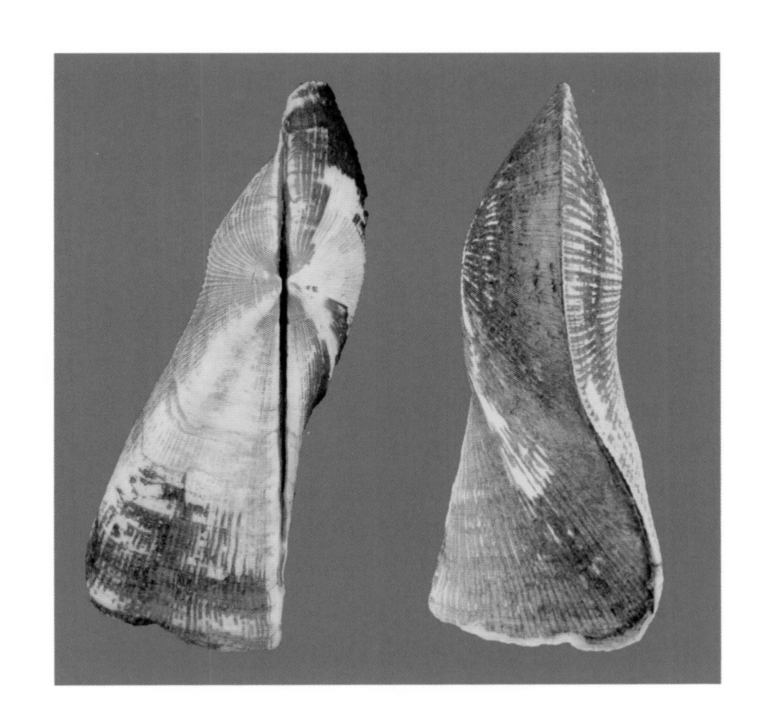

帽蚶科
CUCULLAEIDAE

粒帽蚶

Cucullaea granulosa J. H. Jonas，1846

中文异名：圆魁蛤
产地：海南海口
规格（mm）：75

细饰蚶科
NOETIIDAE

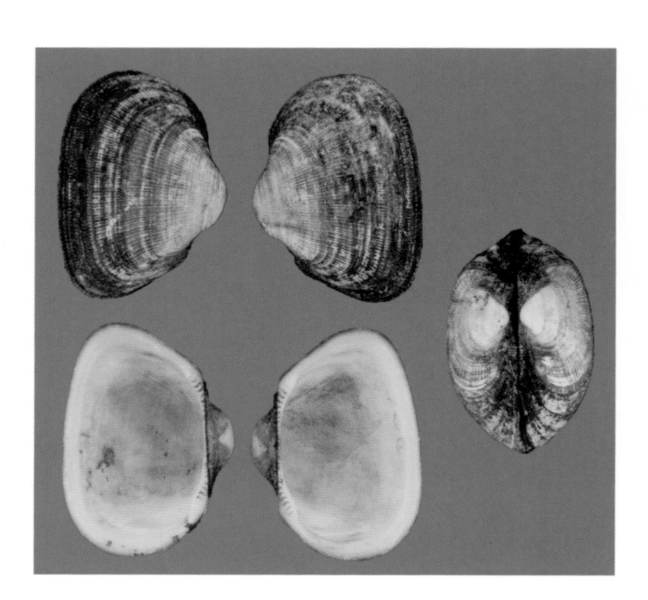

棕栉毛蚶

Didimacar tenebrica（L. A. Reeve, 1844）

中文异名：褐蚶
产地：浙江台州临海
规格（mm）：15

反转细饰蚶

Noetia reversa（G. B. Sowerby Ⅰ, 1833）

中文异名：反罗伊蛤
产地：巴拿马
规格（mm）：36

拟锉蛤科
LIMOPSIDAE

大拟锉蛤
Limopsis belcheri（A. Adams et Reeve, 1850）

中文异名: 大笠蚶
产地: 浙江海域
规格（mm）: 25

智利拟锉蛤
Limopsis ruizana H. A. Rehder, 1971

中文异名: 智利笠蚶
产地: 智利
规格（mm）: 20

蚶蜊科
GLYCYMERIDIDAE

美国蚶蜊

Glycymeris americana（M. J. L. Defrance，1826）

产地：巴拿马

规格（mm）：35

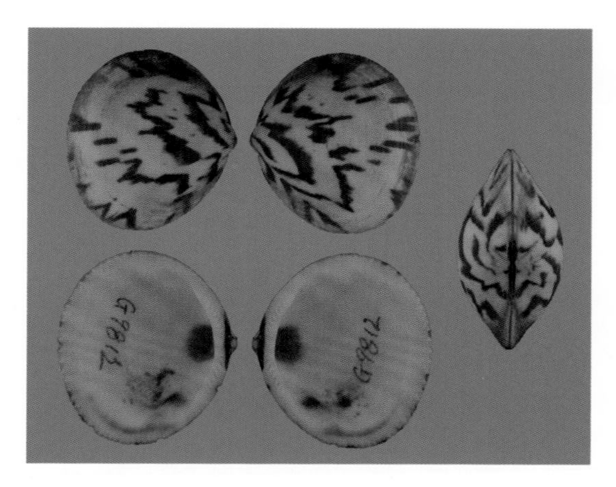

衣蚶蜊

Glycymeris aspersa（A. Adams et Reeve，1850）

同物异名：*Glycymeris vestita*

产地：浙江宁波（农贸市场）

规格（mm）：30

斑蚶蜊

Glycymeris bimaculata（G. S. Poli，1795）

产地：希腊

规格（mm）：35

艳丽蚶蜊

Glycymeris formosus I. von Born, 1776

产地: 塞内加尔

规格(mm): 57

蚶蜊

Glycymeris glycymeris（Linnaeus，1758）

中文异名: 欧洲蚶蜊

产地: 西班牙

规格(mm): 48

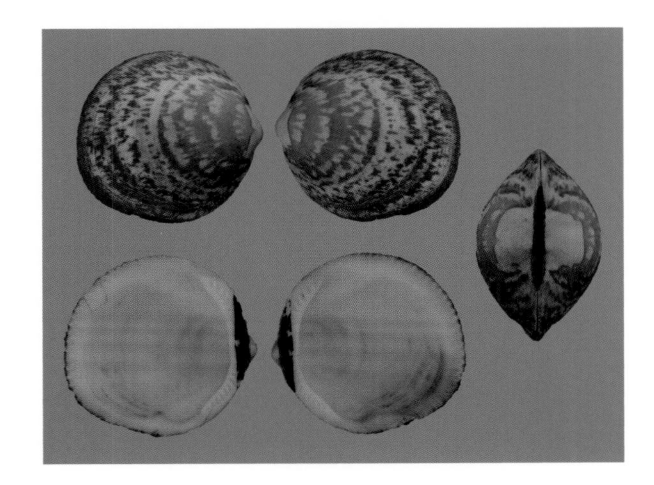

格雷蚶蜊

Glycymeris grayana（W. R. Dunker, 1857）

产地: 澳大利亚

规格(mm): 42

海德蚶蜊

Glycymeris hedleyi（E. Lamy, 1912）

产地：澳大利亚

规格（mm）：17

帝王蚶蜊

Glycymeris imperialis T. Kuroda，1934

产地：山东

规格（mm）：42

重色蚶蜊

Glycymeris livida L. A. Reeve，1843

产地：莫桑比克

规格（mm）：57

狼蚶蜊

Glycymeris longior（G. B. Sowerby Ⅰ, 1833）

产地: 巴西

规格（mm）: 32

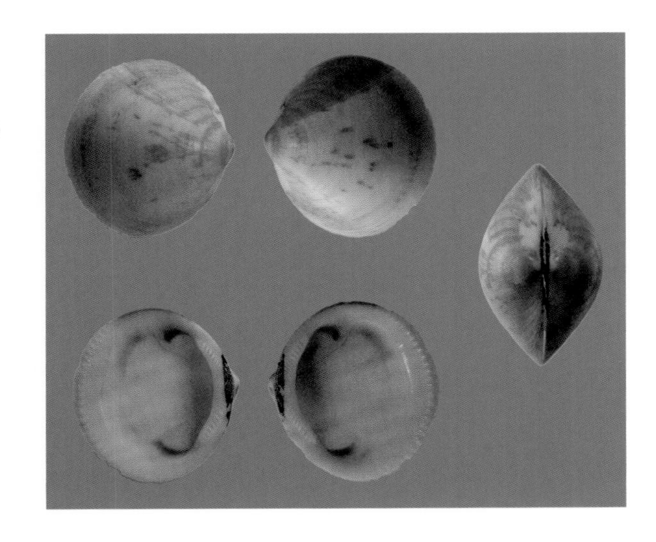

厚边蚶蜊

Glycymeris maculata（W. J. Broderip, 1832）

产地: 墨西哥

规格（mm）: 40

平淡蚶蜊

Glycymeris persimilis T. Iredale, 1839

产地: 澳大利亚

规格（mm）: 43

光芒蚶蜊

Glycymeris radians（Lamarck，1819）

产地：澳大利亚

规格（mm）：33

圆蚶蜊

Glycymeris rotunda（W. R. Dunker，1882）

产地：菲律宾

规格（mm）：35

虾夷蚶蜊

Glycymeris yessoensis（G. B. Sowerby Ⅲ，1889）

产地：辽宁大连

规格（mm）：35

奥登绒蚶蜊

Tucetona audouini Matsukuma, 1984

中文异名: 奥登蚶蜊
产地: 莫桑比克
规格(mm): 41

卡龙绒蚶蜊

Tucetona canoa Pilsbry et Olsson, 1941

中文异名: 卡龙蚶蜊
同物异名: *Glycymeris canoa*
产地: 巴拿马
规格(mm): 28

红斑绒蚶蜊

Tucetona flabellata(Tenison-Woods, 1877)

中文异名: 红斑蚶蜊
产地: 澳大利亚
规格(mm): 45

平肋绒蚶蜊

Tucetona laticostata（Quoy et Gaimard，1835）

中文异名：平肋蚶蜊

产地：新西兰

规格（mm）：49

多肋绒蚶蜊

Tucetona multicostata（G. B. Sowerby Ⅰ，1833）

中文异名：多肋蚶蜊

产地：巴拿马

同物异名：*Glycymeris multicostata*

规格（mm）：25

区勒绒蚶蜊

Tucetona odhneri Iredale，1939

中文异名：区勒蚶蜊

产地：澳大利亚

规格（mm）：25

扇形绒蚶蜊

Tucetona pectinata J. F. Gmelin，1791

中文异名: 扇形蚶蜊
产地: 美国
同物异名: *Glycemeris pectinata*
规格（mm）: 19

安汶圆扇蚶蜊

Tucetona pectunculus（Linnaeus， 1758）

中文异名: 梳子蚶蜊
同物异名: *Glycymeris amboinensis*
产地: 菲律宾
规格（mm）: 48

梭迪达绒蚶蜊

Tucetona sordida（R. Tate，1891）

中文异名: 梭迪达蚶蜊
产地: 澳大利亚
规格（mm）: 31

花肋绒蚶蜊

Tucetona strigilata（G. B. Sowerby Ⅰ, 1833）

中文异名: 花肋蚶蜊
同物异名: *Glycymeris strigilata*
产地: 巴拿马
规格（mm）: 22

珍珠贝科
PTERIIDAE

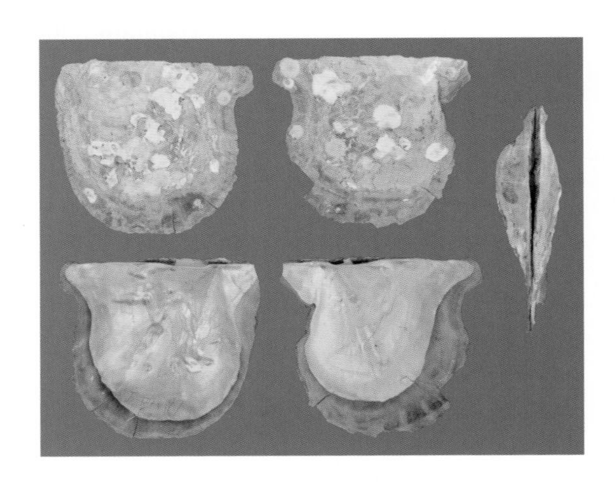

马氏珠母贝

Pinctada imbricata P. F. Röding, 1798

同物异名: *Pinctada margaritifera*
产地: 广西钦州
规格（mm）: 45

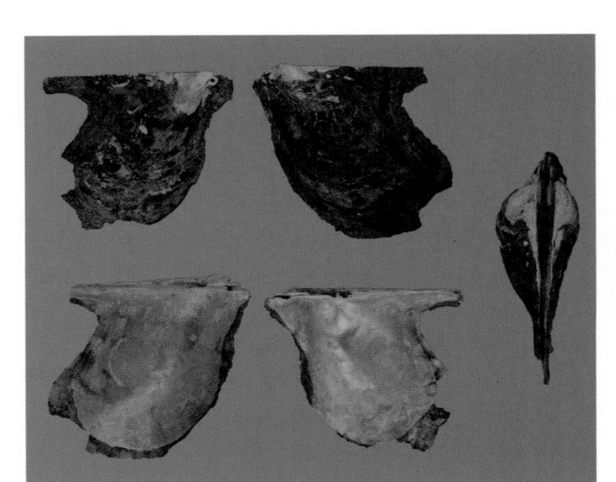

企鹅珍珠贝

Pteria penguin（P. F. Röding, 1798）

产地: 广东湛江徐闻
规格（mm）: 87

钳蛤科
ISOGNOMONIDAE

细肋钳蛤

Isognomon perna（Linnaeus，1767）

中文异名：花纹障泥蛤
产地：海南陵水
规格（mm）：48

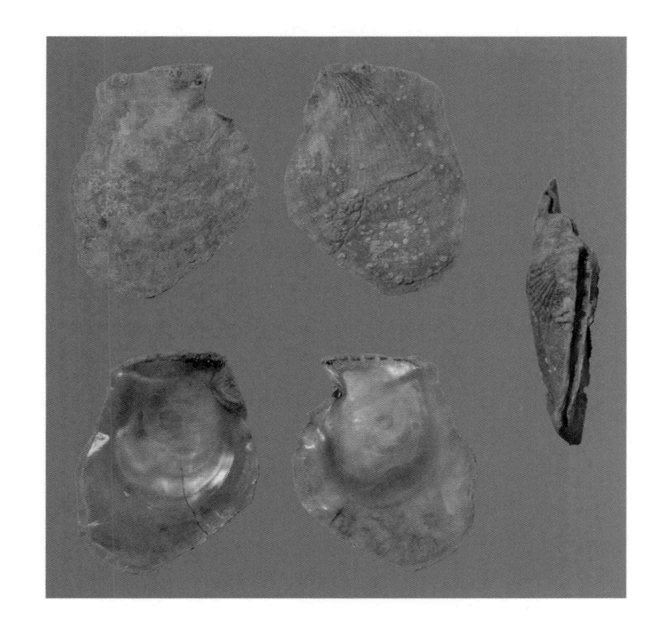

海月蛤科
PLACUNIDAE

海月

Placuna placenta（Linnaeus，1758）

产地：浙江温州乐清
规格（mm）：65
备注：常见种

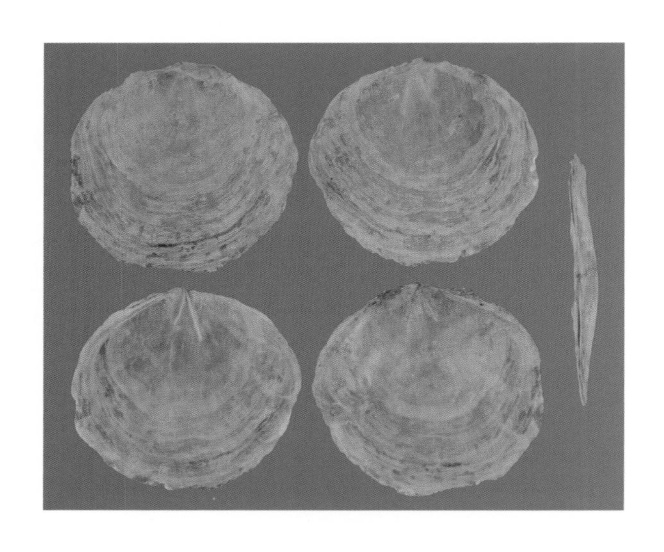

襞蛤科
PLICATULIDAE

大西洋襞蛤

Plicatula gibbosa Lamarck, 1801

中文异名: 大西洋猫爪蛤
产地: 美国
规格（mm）: 17

尖刺襞蛤

Plicatula muricata（G. B. Sowerby Ⅱ, 1873）

同物异名: *Spiniplicatula muricata*
产地: 东海海域
规格（mm）: 13

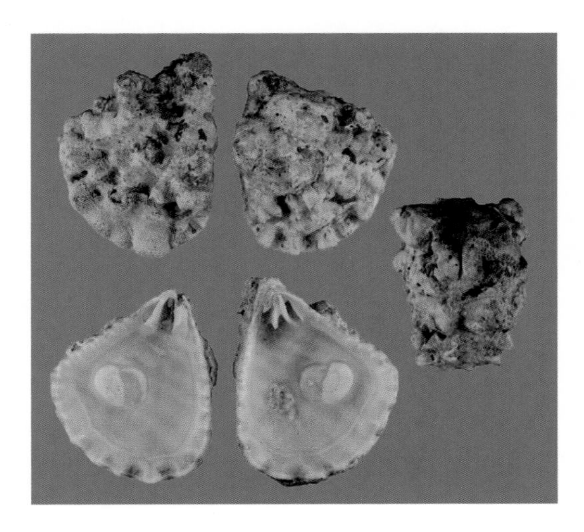

六指襞蛤

Plicatula penicillata P. P. Carpenter, 1857

中文异名: 六指猫爪蛤
产地: 巴拿马
规格（mm）: 20

扇贝科
PECTINIDAE

锉面扇贝

Aequipecten muscosus（W. Wood，1828）

中文异名: 锉面海扇蛤
产地: 巴拿马
规格（mm）: 32

皇后扇贝

Aequipecten opercularis（Linnaeus，1758）

中文异名: 女王海扇蛤
产地: 法国
规格（mm）: 36

美丽环扇贝

Annachlamys macassarensis（Linnaeus，1758）

产地: 南海海域
规格（mm）: 24

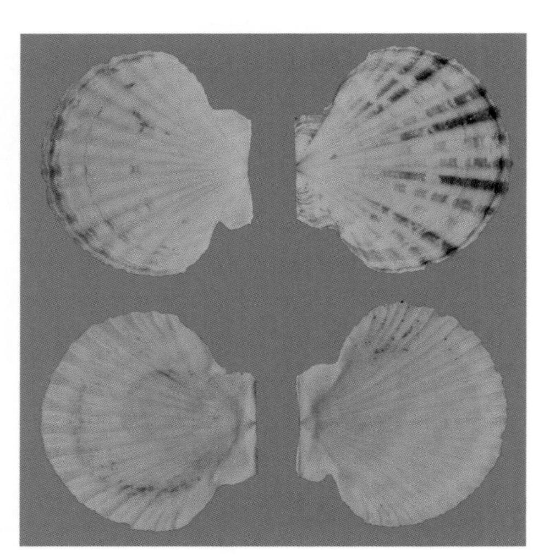

彩条环扇贝

Annachlamys striatula（Linnaeus，1758）

中文异名：彩条海扇蛤
产地：菲律宾
规格（mm）：42

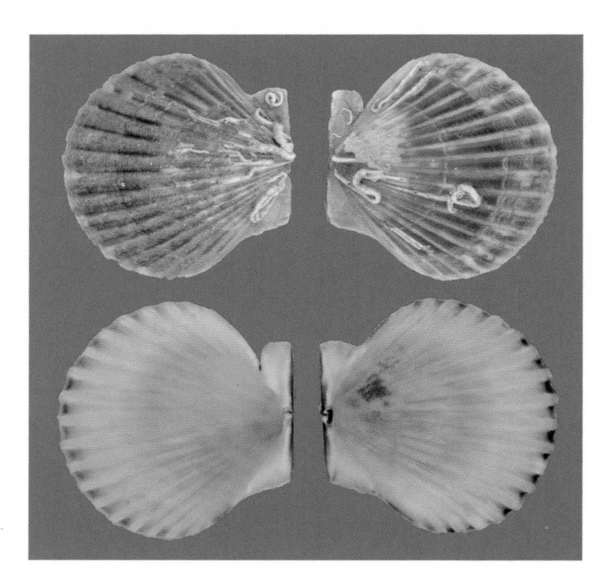

海湾扇贝

Argopecten irradians irradians（Lamarck，1819）

产地：山东青岛
规格（mm）：45
备注：养殖种

大肚扇贝

Argopecten ventricosus（G. B. Sowerby Ⅱ，1842）

中文异名：大肚海扇蛤
产地：厄瓜多尔
规格（mm）：38

云娇拟套扇贝

Bractechlamys vexillum（L. A. Reeve，1853）

中文异名: 浮雕海扇蛤
产地: 菲律宾
规格（mm）: 45

巴西扇贝

Caribachlamys ornata（Lamarck，1819）

中文异名: 巴西海扇贝
产地: 巴西
规格（mm）: 28

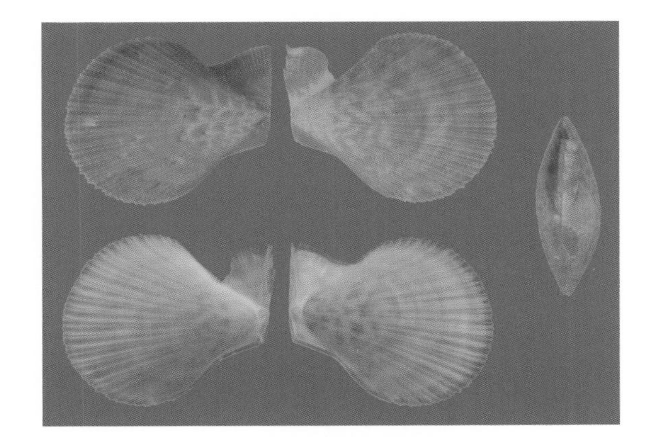

栉孔扇贝

Chlamys farreri（Jones et Preston，1904）

产地: 山东莱州
规格（mm）: 45
备注: 养殖种

粉红栉孔扇贝

Chlamys hastata hericia（G. B. Gould Ⅱ, 1842）

中文异名: 粉红海扇蛤
产地: 美国
规格（mm）: 74

佛罗里达栉孔扇贝

Chlamys sentis（L. A. Reeve, 1853）

中文异名: 佛罗里达海扇蛤
产地: 美国
规格（mm）: 35

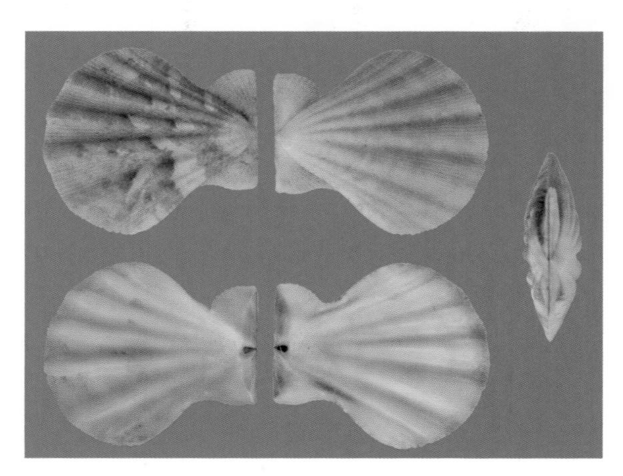

褶纹肋扇贝

Decatopecten plica（Linnaeus, 1758）

产地: 海南
规格（mm）: 33

Euvola raveneli（W. H. Dall，1898）

中文异名：拉文氏扇贝
产地：美国
规格（mm）：57

Flexopecten glaber（Linnaeus，1758）

中文异名：南斯拉夫扇贝
产地：葡萄牙
规格（mm）：34

荣套扇贝

Gloripallium pallium（Linnaeus，1758）

产地：海南
规格（mm）：32

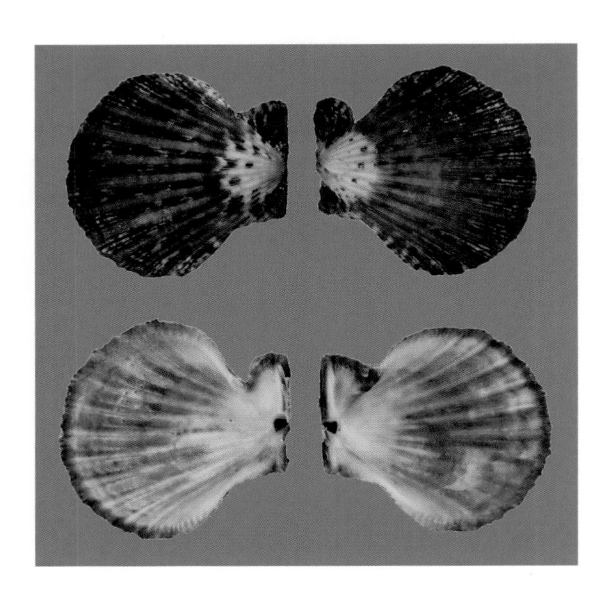

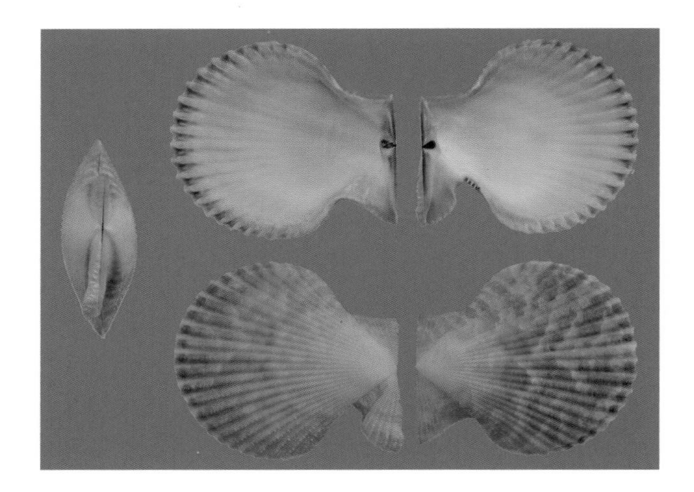

Laevichlamys andamanica(H. B. Preston, 1908)

中文异名: 安达曼扇贝
产地: 泰国
规格(mm): 59

Laevichlamys cuneata(L. A. Reeve, 1853)

中文异名: 库力特扇贝
产地: 泰国
规格(mm): 50

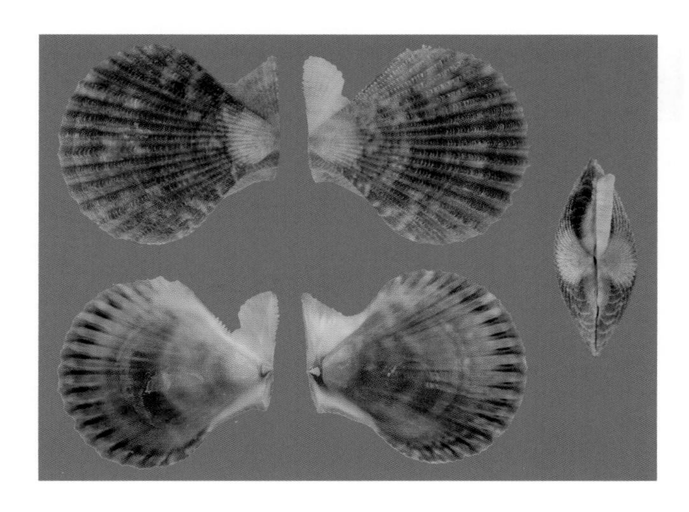

克拉克类栉孔扇贝

Mimachlamys cloacata(L. A. Reeve, 1853)

中文异名: 克拉克海扇蛤
产地: 泰国
规格(mm): 31

华贵类栉孔扇贝

Mimachlamys crassicostata（G. B. Sowerby Ⅱ, 1842）

中文异名: 厚壳海扇蛤
同物异名: *Mimachlamys nobilis*
产地: 海南三亚（农贸市场）
规格（mm）: 75

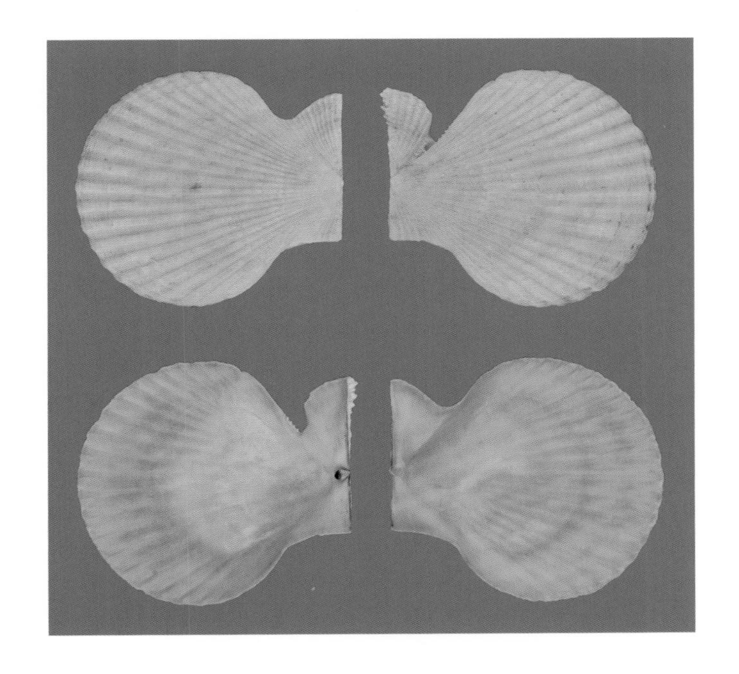

荣类栉孔扇贝

Mimachlamys gloriosa（L. A. Reeve, 1853）

中文异名: 光荣海扇蛤
产地: 海南
规格（mm）: 56

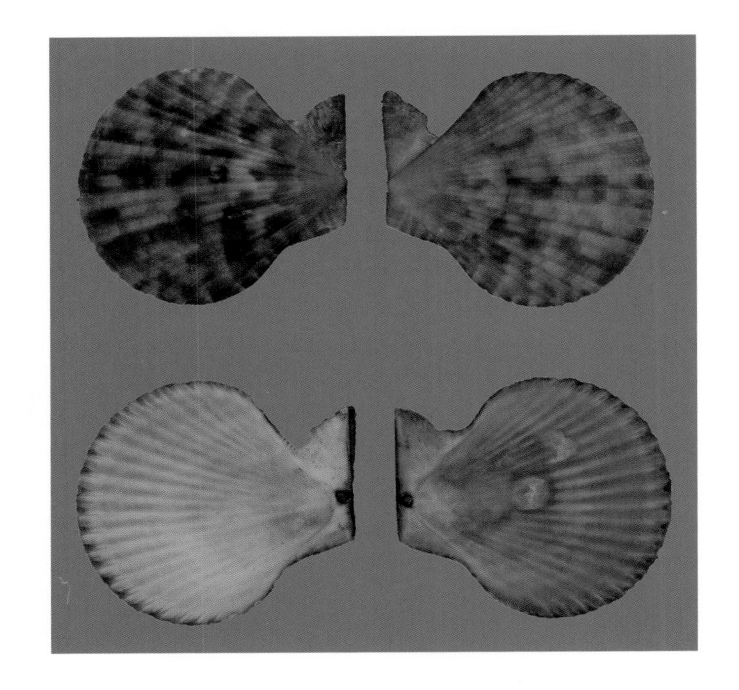

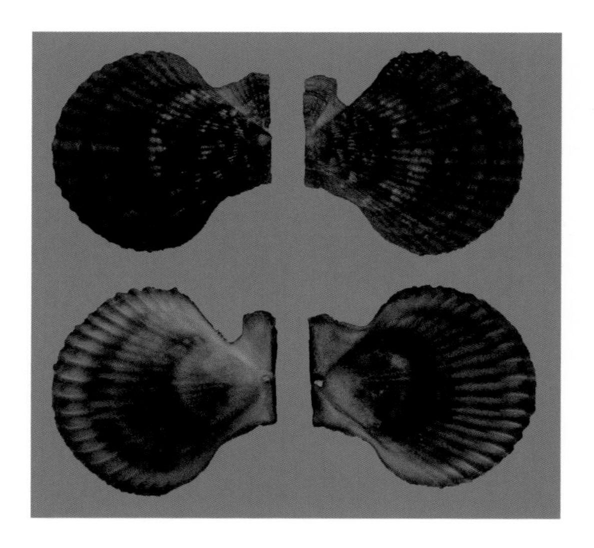

艳红类栉孔扇贝

Mimachlamys sanguinea（Linnaeus，1758）

中文异名：艳红海扇蛤
产地：中国台湾澎湖
规格（mm）：70

艳美奇异扇贝

Mirapecten mirificus（L. A. Reeve，1853）

中文异名：鲜花海扇蛤
产地：菲律宾
规格（mm）：38

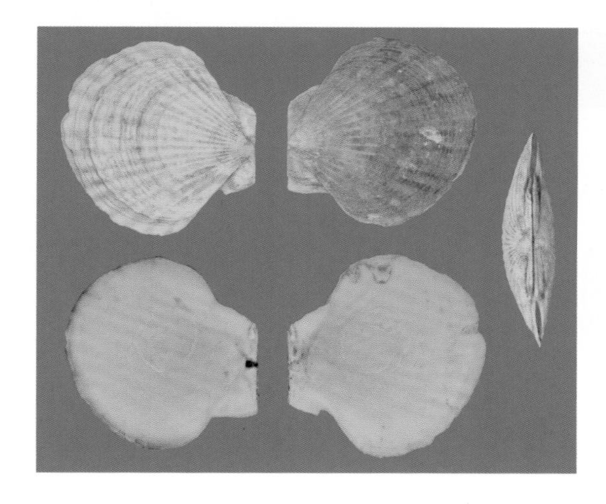

虾夷盘扇贝

Mizuhopecten yessoensis J. C. Jay，1852

中文异名：虾夷扇贝
产地：浙江温州南麂岛
规格（mm）：80
备注：养殖种

嵌条扇贝

Pecten albicans (J. S. Schröter, 1802)

产地: 浙江温州洞头岛
规格(mm): 70

雅各扇贝

Pecten jacobeus (Linnaeus, 1758)

产地: 加纳利群岛
规格(mm): 75

大扇贝

Pecten maximus Linnaeus, 1758

产地: 法国
规格(mm): 85

海菊蛤科
SPONDYLIDAE

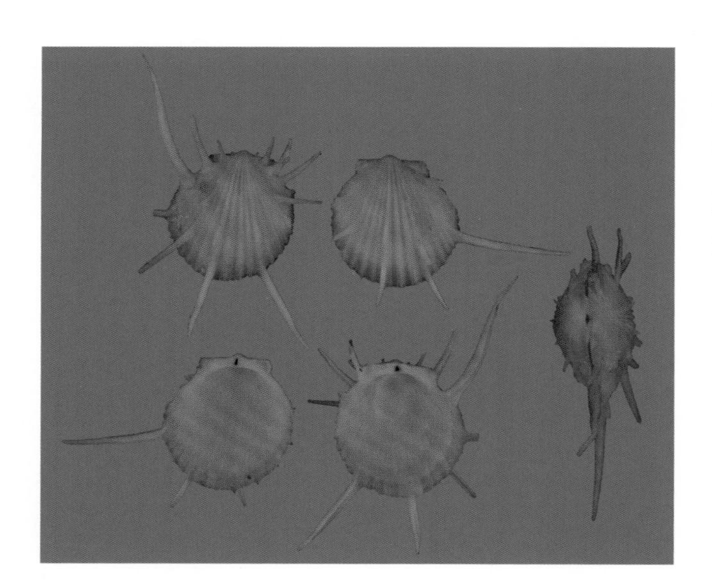

美国海菊蛤

Spondylus americanus J. Hermann, 1781

产地：海南
规格（mm）：50

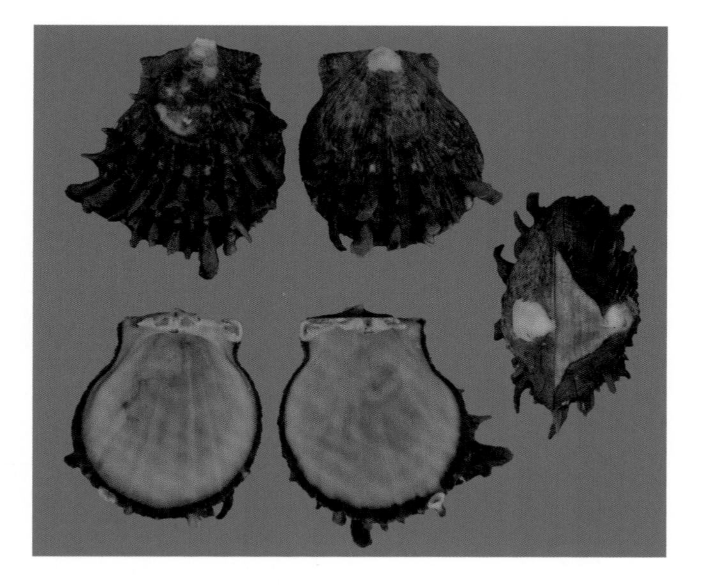

巴氏海菊蛤

Spondylus butleri L. A. Reeve, 1856

产地：海南
规格（mm）：60

拟日月贝科
PROPEAMUSSIIDAE

亚洲日月贝

Amusium pleuronectes（Linnaeus，1758）

产地：海南

规格（mm）：71

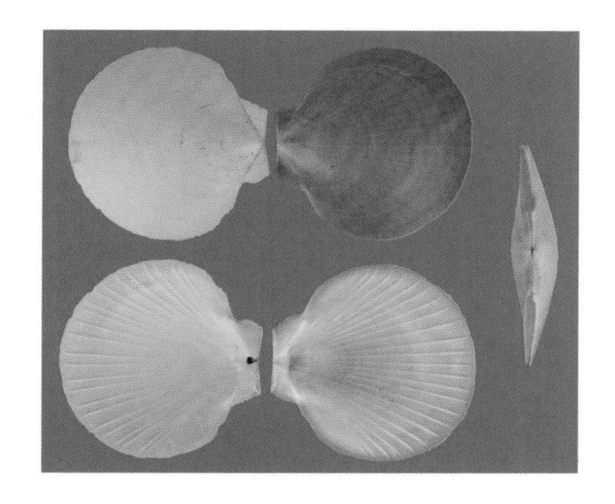

长肋日月贝

Amusium pleuronectes pleuronectes（Linnaeus，1758）

中文异名：光荣海扇蛤

产地：浙江宁波（农贸市场）

规格（mm）：70

Euvola marensis（N. E. Weisbord，1964）

中文异名：光芒日月蛤

产地：苏里南

同物异名：*Amusium papyraceum*

规格（mm）：45

锉蛤科
LIMIDAE

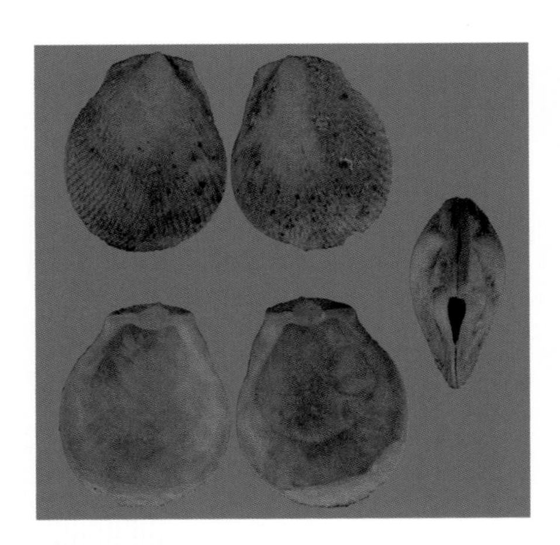

粗肋栉锉蛤

Ctenoides scaber（I. von Born，1778）

中文异名：粗肋狐蛤
同物异名：*Ctenoides scabra*
产地：美国
规格（mm）：70

习见锉蛤

Lima vulgaris（J. H. F. Link，1807）

中文异名：大白狐蛤
产地：菲律宾
规格（mm）：50

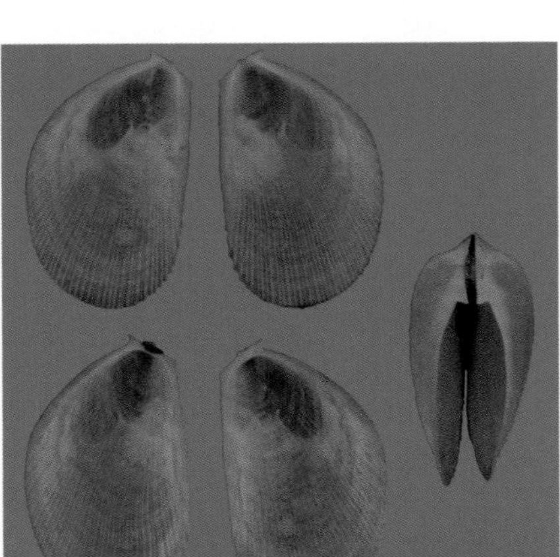

透薄雪锉蛤

Limaria pellucida（C. B. Adams，1848）

中文异名：透薄狐蛤
产地：美国
规格（mm）：28

牡蛎科
OSTREIDAE

日本巨牡蛎

Crassostrea nippona（H. Seki, 1934）

中文异名：日本牡蛎
产地：浙江宁波渔山岛
规格（mm）：120

镶边蛤科
FIMBRIIDAE

史氏镶边蛤

Fimbria soverbii（L. A. Reeve, 1841）

中文异名：索华花篮蛤
产地：福建厦门
规格（mm）：47

满月蛤科
LUCINIDAE

Callucina lacteola（R. Tate，1897）

中文异名：鼓满月蛤
产地：澳大利亚
规格（mm）：22

胭脂厚大蛤

Codakia punctata（Linnaeus，1758）

中文异名：胭脂满月蛤
产地：澳大利亚
规格（mm）：63

美丽小厚大蛤

Ctena bella（T. A. Conrad，1837）

中文异名：美姬满月蛤
产地：日本
规格（mm）：24

Divalinga bardwelli（T. Iredale，1936）

中文异名：百威满月蛤
产地：澳大利亚
规格（mm）：24

露西满月蛤

Loripes lucinalis（Lamarck，1818）

产地：以色列
同物异名：*Loripes orbiculatus*
规格（mm）：18

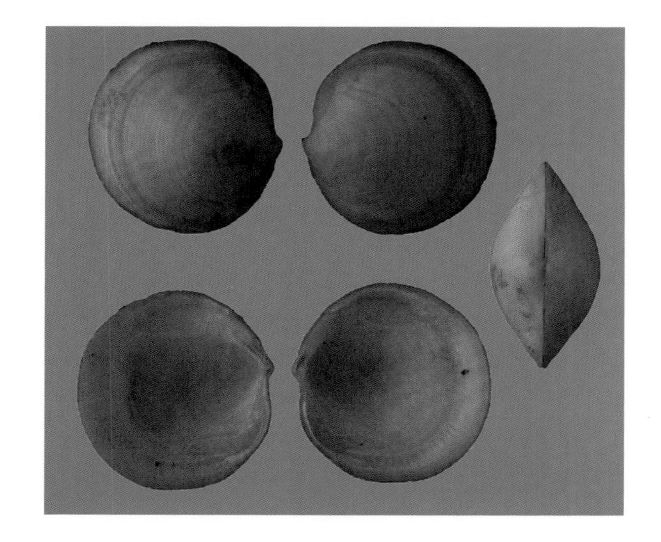

鳞片满月蛤

Lucina pectinata（J. F. Gmelin，1791）

产地：巴西
规格（mm）：43

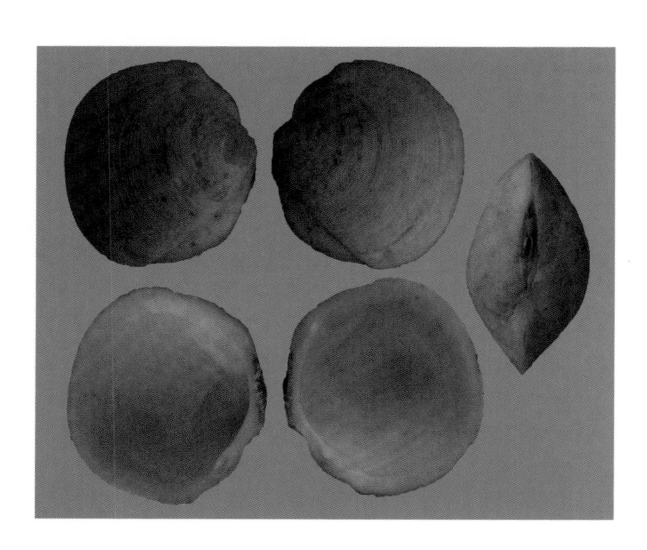

猿头蛤科
CHAMIDAE

角猿头蛤

Arcinella cornuta T. A. Conrad, 1866

中文异名：海胆偏口蛤
产地：美国
规格（mm）：29

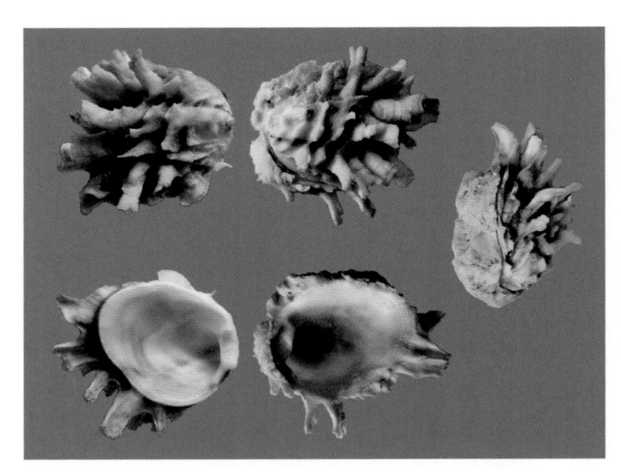

翘鳞猿头蛤

Chama lazarus（Linnaeus, 1758）

中文异名：菊花偏口蛤
产地：越南
规格（mm）：50

太平洋猿头蛤

Chama pacifica W. J. Broderip, 1835

中文异名：扭曲猿头蛤
同物异名：*Chama reflexa*
产地：浙江温州南麂岛
规格（mm）：25

心蛤科
CARDITIDAE

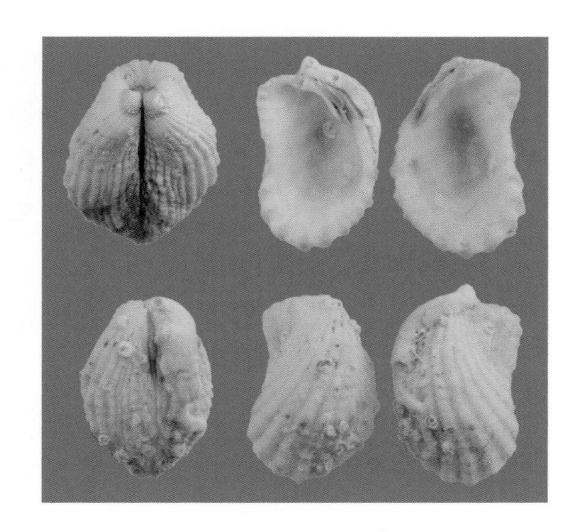

欧罗巴心蛤

Cardita calyculata Linnaeus, 1758

中文异名: 欧罗巴算盘蛤
产地: 西班牙
规格（mm）: 13

粗肋心蛤

Cardita crassicosta Lamarck, 1819

中文异名: 粗肋算盘蛤
产地: 菲律宾
规格（mm）: 34

肥仔心蛤

Cardita incrassata（G. B. Sowerby Ⅰ, 1825）

中文异名: 肥仔算盘蛤
产地: 澳大利亚
规格（mm）: 46

石头心蛤

Cardita marmorea L. A. Reeve, 1843

中文异名: 石头算盘蛤
产地: 澳大利亚
规格（mm）: 40

肋骨心蛤

Cardita muricata G. B. Sowerby Ⅰ, 1832

中文异名: 肋骨算盘蛤
产地: 澳大利亚
规格（mm）: 28

普瑞心蛤

Cardita preissii T. K. Menke, 1843

中文异名: 普瑞算盘蛤
产地: 澳大利亚
规格（mm）: 33

异纹心蛤

Cardita variegata J. G. Bruguière，1792

产地：菲律宾
规格（mm）：20

娇小心蛤

Carditamera gracilis（R. J. Shottleworth，1856）

中文异名：娇小算盘蛤
产地：委内瑞拉
规格（mm）：24

射线心蛤

Carditamera radiata (G. B. Sowerby Ⅰ, 1833)

中文异名: 射状算盘蛤
产地: 巴拿马
规格(mm): 42

平濑胀心蛤

Centrocardita hirasei (W. H. Dall, 1918)

中文异名: 平濑橡实蛤
同物异名: *Glans hirasei*
产地: 浙江海域
规格(mm): 21

紫心蛤

Purpurocardia purpurata (G. P. Deshayes, 1854)

中文异名: 紫算盘蛤
产地: 新西兰
规格(mm): 26

厚壳蛤科
CRASSATELLIDAE

巴西厚壳蛤

Crassatella brasiliensis W. H. Dall, 1903

产地: 巴西
规格（mm）: 28

墨西哥真厚壳蛤

Eucrassatella digueti（E. Lamy, 1917）

产地: 巴拿马
规格（mm）: 50

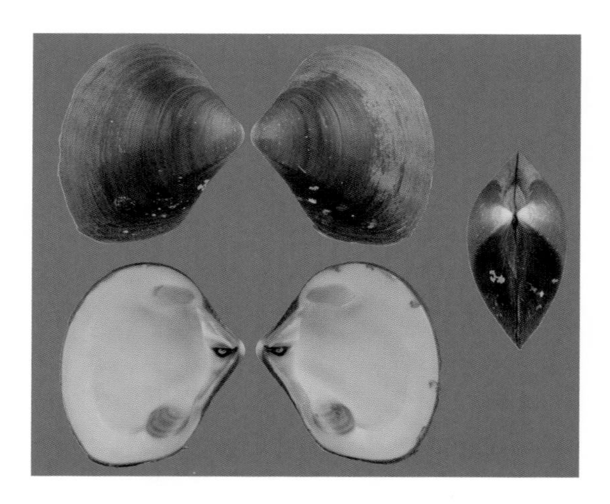

斧形真厚壳蛤

Eucrassatella donacina（Lamarck, 1805）

产地：澳大利亚

规格（mm）：67

膨胀真厚壳蛤

Eucrassatella gibbosa（G. B. Sowerby Ⅰ, 1832）

产地：巴拿马

规格（mm）：34

美艳真厚壳蛤

Eucrassatella pulchra（L. A. Reeve, 1842）

产地：澳大利亚

规格（mm）：68

四方壮壳蛤

Indocrassiatella quadrata（H. Noda，1980）

中文异名：四方厚壳蛤
产地：浙江海域
规格（mm）：15

矮厚壳蛤

Nipponocrassatella nana（A. Adams et Reeve，1850）

中文异名：褐色日本厚壳蛤
同物异名：*Crassatella nana*
产地：东海海域
规格（mm）：35

爱神蛤科
ASTARTIDAE

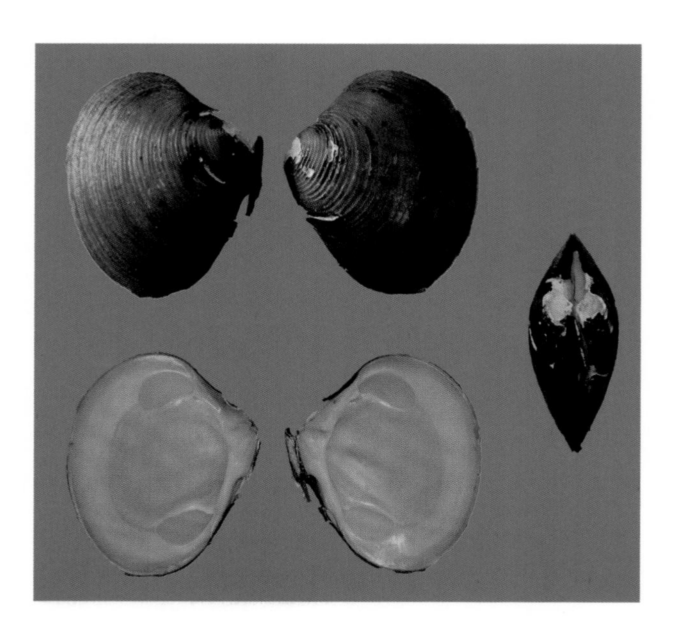

北冰洋爱神蛤

Astarte borealis（H. C. F. Schumacher, 1817）

产地：波罗的海
规格（mm）：26

欧洲爱神蛤

Astarte sulcata（E. M. da Costa，1778）

产地：法国
规格（mm）：26

鸟蛤科
CARDIIDAE

Acanthocardia echinata（Linnaeus, 1758）

中文异名: 海胆鸟蛤
产地: 丹麦
规格（mm）: 50

Acanthocardia paucicostata（G. B. Sowerby Ⅱ, 1834）

中文异名: 弱肋鸟蛤
产地: 西班牙
规格（mm）: 26

Acanthocardia tuberculata Linnaeus, 1758

中文异名: 结瘤鸟蛤
产地: 西班牙
规格（mm）: 24

百肋糙鸟蛤

Acrosterigma cygnorum G. P. Deshayes, 1854

中文异名: 百肋鸟尾蛤
产地: 澳大利亚
规格（mm）: 51

高大糙鸟蛤

Acrosterigma magnum（Linnaeus, 1758）

中文异名: 高大鸟尾蛤
同物异名: *Trachycardium magnum*
产地: 巴拿马
规格（mm）: 33

朱雀糙鸟蛤

Acrosterigma pristipleura（W. H. Dall，1901）

中文异名：朱雀鸟蛤
同物异名：*Trachycardium pristipleura*
产地：巴拿马
规格（mm）：37

Americardia biangulata（W. J. Broderip et Sowerby Ⅰ，1829）

中文异名：美西草莓鸟蛤
产地：巴拿马
同物异名：*Trigoniocardia biangulata*
规格（mm）：18

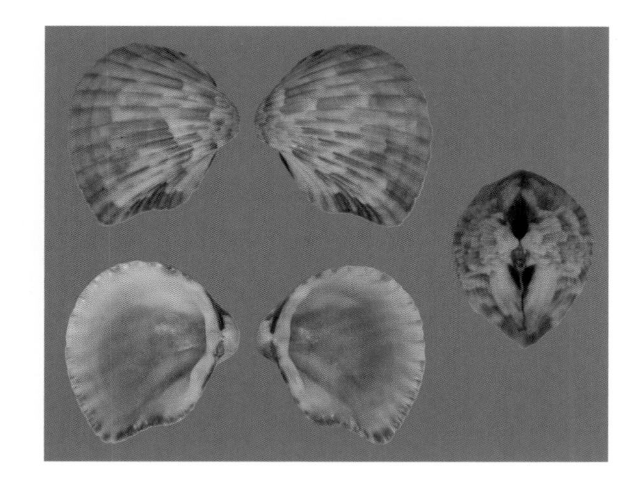

Americardia guanacastensis（Hertlein et Strong，1947）

中文异名：孔雀鸟蛤
产地：巴拿马
同物异名：*Trigoniocardia guanacastensis*
规格（mm）：22

Cerastoderma edule Linnaeus,1758

中文异名: 欧洲鸟蛤
产地: 西班牙
规格(mm): 20

Cerastoderma glaucum(J. G. Bruguière, 1789)

中文异名: 硬羽鸟蛤
产地: 意大利
规格(mm): 20

黄色扁鸟蛤

Clinocardium buelowi(H. Rolle, 1896)

中文异名: 布洛鸟蛤
产地: 辽宁大连
规格(mm): 45

加州扁鸟蛤

Clinocardium californiense（G. P. Deshayes, 1857）

产地：山东青岛

规格（mm）：40

绯红栉鸟蛤

Ctenocardia victor（G. F. Angas, 1872）

产地：菲律宾

规格（mm）：20

玉女栉鸟蛤

Ctenocardia virgo（L. A. Reeve, 1845）

中文异名：玉女鸟蛤

产地：菲律宾

规格（mm）：18

Dinocardium robustum vanhyningi（J. Lightfoot，1786）

中文异名：范氏大鸟蛤
产地：美国
规格（mm）：60

Europicardium caparti（M. Nicklès，1955）

中文异名：卡帕特鸟蛤
产地：塞内加尔
规格（mm）：38

脊鸟蛤

Fragum fragum（Linnaeus，1758）

中文异名：白莓鸟尾蛤
产地：海南
规格（mm）：28

莓实脊鸟蛤

Fragum unedo（Linnaeus, 1758）

中文异名: 草莓鸟尾蛤
产地: 印度尼西亚
规格（mm）: 38

多刺棘鸟蛤

Frigidocardium exasperatum（G. B. Sowerby Ⅱ, 1839）

中文异名: 白霜鸟蛤
产地: 东海海域
规格（mm）: 25

薄壳鸟蛤

Fulvia aperta（"Chemnitz" Bruguière, 1789）

中文异名: 气泡鸟尾蛤
产地: 菲律宾
规格（mm）: 31

保和薄壳鸟蛤

Fulvia boholensis J. Vidal, 1994

中文异名: 保和鸟尾蛤
产地: 菲律宾
规格(mm): 34

滑顶薄壳鸟蛤

Fulvia mutica(L. A. Reeve, 1844)

产地: 山东
规格(mm): 40

细肋薄壳鸟蛤

Fulvia tenuicostata(Lamarck, 1819)

中文异名: 细肋鸟蛤
产地: 澳大利亚
规格(mm): 38

光华滑鸟蛤

Laevicardium biradiatum（J. B. Bruguière，1789）

中文异名: 光华鸟蛤
产地: 菲律宾
规格（mm）: 30

卡拉滑鸟蛤

Laevicardium clarionense（Hertlein et Strong，1947）

中文异名: 卡拉鸟蛤
产地: 巴拿马
规格（mm）: 20

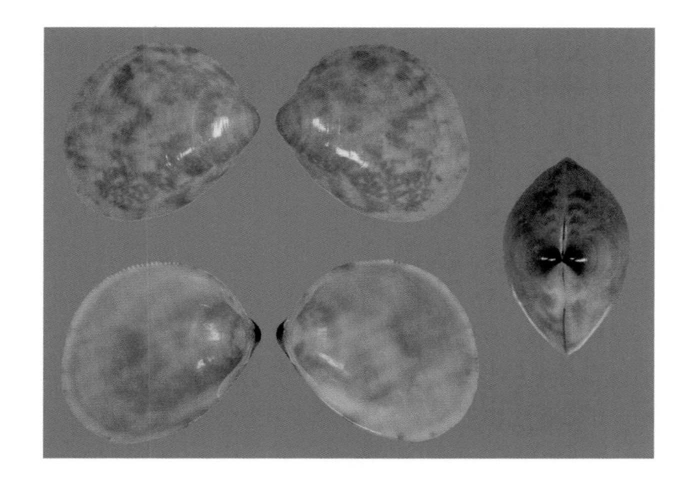

滑鸟蛤

Laevicardium crassum（J. F. Gmelin，1791）

产地: 法国
规格（mm）: 20

半心陷月鸟蛤

Lunulicardia hemicardium（Linnaeus，1758）

中文异名：半心鸡心蛤
同物异名：*Corculum hemicardium*
产地：海南
规格（mm）：40

陷月鸟蛤

Lunulicardia retusa（Linnaeus，1767）

中文异名：三角鸡心蛤
产地：越南
规格（mm）：29

巴拿马小鸟蛤

Microcardium panamense（W. H. Dall，1908）

中文异名：粗巴拿马鸟蛤
同物异名：*Trachycardium panamense*
产地：巴拿马
规格（mm）：45

白氏饰线鸟蛤

Nemocardium bechei（L. A. Reeve, 1847）

中文异名: 金丝鸟尾蛤
产地: 菲律宾
规格（mm）: 32

黄边糙鸟蛤

Trachycardium flavum（Linnaeus, 1758）

产地: 海南三亚
规格（mm）: 40

美国糙鸟蛤

Trachycardium muricatum（Linnaeus, 1758）

中文异名: 美国黄鸟尾蛤
产地: 美国
规格（mm）: 35

半纹鸟蛤

Trifaricardium nomurai T. Kuroda et Habe，1951

产地：东海海域

规格（mm）：18

角糙鸟蛤

Vasticardium angulatum（Lamarck，1819）

中文异名：方形鸟尾蛤

同物异名：*Trachycardium angulatum*

产地：印度尼西亚

规格（mm）：64

小阿萨糙鸟蛤

Vasticardium assimile f. *subassimile*（L. A. Reeve，1844）

中文异名：小阿萨鸟蛤

产地：印度

规格（mm）：72

长糙鸟蛤

Vasticardium elongatum（J. B. Bruguière，1789）

中文异名: 长鸟尾蛤
同物异名: *Trachycardium elongatum*
产地: 印度尼西亚
规格（mm）: 87

冲绳长糙鸟蛤

Vasticardium elongatum f. okinawaense（T. Kuroda，1960）

中文异名: 冲绳长鸟蛤
产地: 泰国
规格（mm）: 68

滑肋糙鸟蛤

Vasticardium marerubrum（Voskuil et Onverwagt，1991）

同物异名: *Trachycardium enode*
产地: 菲律宾
规格（mm）: 45

暗斑糙鸟蛤

Vasticardium pectiniforme（I. von Born，1780）

中文异名：扇形鸟尾蛤
产地：澳大利亚
规格（mm）：28

南洋糙鸟蛤

Vasticardium subrugosum（G. B. Sowerby Ⅱ，1839）

中文异名：南洋鸟尾蛤
产地：海南陵水
规格（mm）：26

脊柱糙鸟蛤

Vasticardium vertebratum（J. H. Jonas，1844）

中文异名：脊柱鸟尾蛤
产地：印度尼西亚
规格（mm）：78

伯氏糙鸟蛤

Vepricardium burnupi（G. B. Sowerby Ⅲ，1897）

中文异名：伯氏鸟蛤
产地：印度
规格（mm）：35

镶边鸟蛤

Vepricardium coronatum（L. Spengler，1799）

同物异名：*Cardium coronatum*
产地：广西钦州
规格（mm）：50

中华鸟蛤

Vepricardium sinense（G. B. Sowerby Ⅱ，1839）

同物异名：*Cardium sinense*
产地：海南三亚（农贸市场）
规格（mm）：30

砗磲科
TRIDACNIDAE

砗蠔
Hippopus hippopus（Linnaeus, 1758）

产地：海南海口
规格（mm）：300

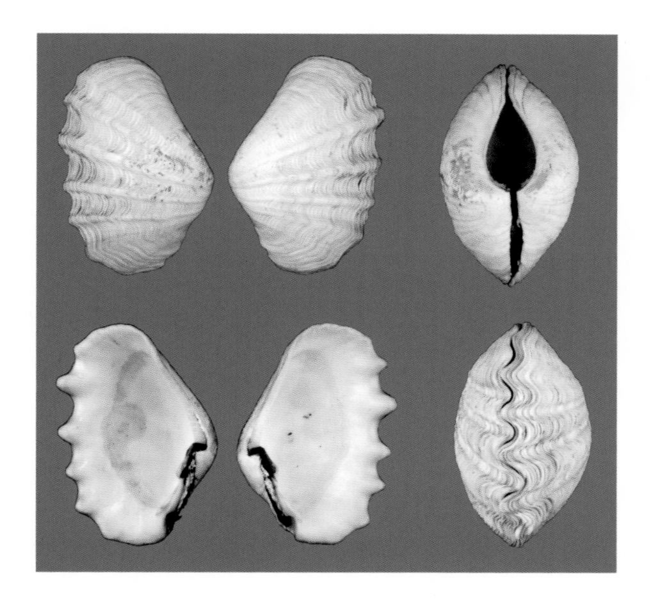

番红砗磲
Tridacna crocea Lamarck, 1819

产地：海南
规格（mm）：150

鳞砗磲

Tridacna squamosa Lamarck, 1819

产地：海南海口

规格（mm）：150

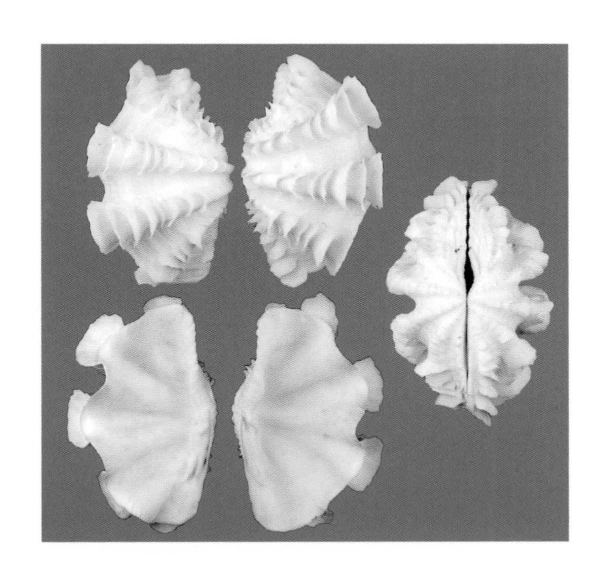

蛤蜊科
MACTRIDAE

弓獭蛤

Lutraria arcuata L. A. Reeve, 1854

中文异名：南方马珂蛤

同物异名：*Lutraria australis*

产地：海南三亚（农贸市场）

规格（mm）：55

大獭蛤

Lutraria maxima J. H. Jonas, 1844

产地: 福建厦门(农贸市场)
规格(mm): 50

施氏獭蛤

Lutraria sieboldii L. A. Reeve, 1854

产地: 广西北海
规格(mm): 84

西施舌

Mactra antiquata "Chemnitz" Spengler, 1802

中文异名: 古蛤蜊
同物异名: *Coelomactra antiquata*
产地: 浙江温州洞头岛
规格(mm): 65
备注: 养殖种

中国蛤蜊

Mactra chinensis R. A. Philippi, 1846

产地: 辽宁大连(农贸市场)
规格(mm): 42

奥罗林蛤蜊

Mactra olorina R. A. Philippi, 1846

中文异名: 奥罗林马珂蛤
产地: 澳大利亚
规格(mm): 57

四角蛤蜊

Mactra quadrangularis L. A. Reeve, 1854

同物异名: *Mactra veneriformis*
产地: 江苏如东
规格(mm): 30
备注: 常见种

轻蛤蜊

Mactra stultorum (Linnaeus, 1758)

中文异名: 轻马珂蛤
产地: 辽宁大连(农贸市场)
规格(mm): 35

扁蛤蜊

Mactrotoma antecedens (T. Iredale, 1930)

中文异名: 扁马珂蛤
产地: 澳大利亚
规格(mm): 34

Mulinia pallida（W. J. Broderip et Sowerby Ⅰ, 1829）

中文异名: 钝三角马珂蛤
产地: 巴拿马
规格（mm）: 45

北方厚蛤蜊

Spisula sachalinensis（L. I. von Schrenck, 1862）

中文异名: 萨哈林马珂蛤
产地: 黄海海域
同物异名: *Pseudocardium sachalinense*
规格（mm）: 85

大西洋厚蛤蜊

Spisula subtruncata（E. M. da Costa, 1778）

中文异名: 大西洋马珂蛤
产地: 西班牙
规格（mm）: 20

中带蛤科
MESODESMATIDAE

Anapella cycladea Lamarck, 1818

中文异名: 塞克雷中带蛤
产地: 澳大利亚
规格(mm): 22

中国朽叶蛤
Coecella chinensis (G. P. Deshayes, 1855)

产地: 日本
规格(mm): 21

朽叶蛤
Coecella horsfieldii J. E. Gray, 1853

中文异名: 霍氏中带蛤
产地: 中国香港
规格(mm): 22

角中带蛤

Donacilla cornea G. S. Poli，1791

中文异名：塞克雷中带蛤
产地：意大利
规格（mm）：20

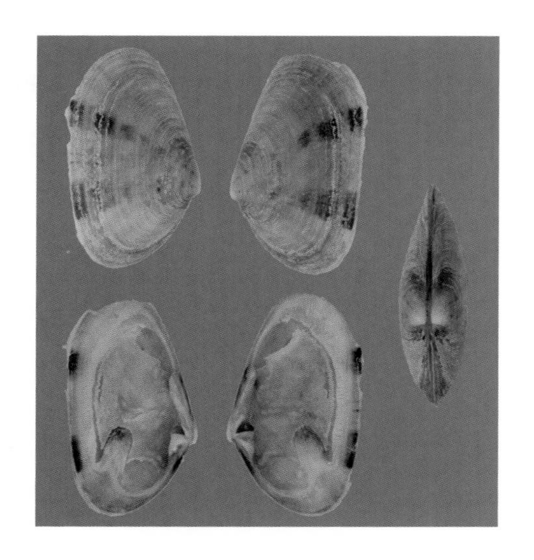

圆中带蛤

Paphies cuneata Lamarck，1818

产地：澳大利亚
规格（mm）：18

长中带蛤

Paphies elongata（L. A. Reeve，1854）

产地：澳大利亚
规格（mm）：22

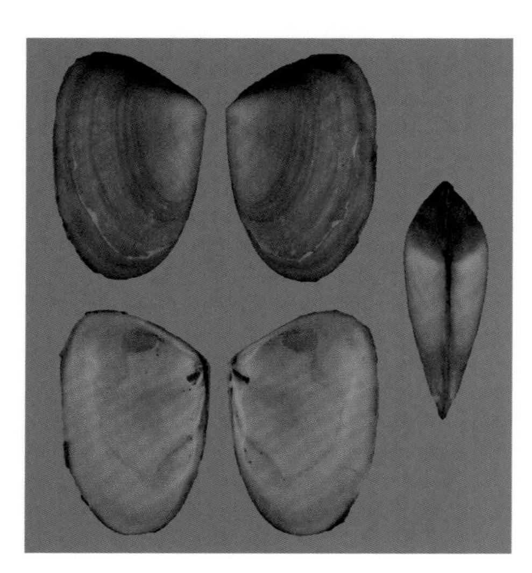

樱蛤科
TELLINIDAE

年轮阿樱蛤

Arcopagia crassa（Pennant，1777）

中文异名：年轮樱蛤
产地：西班牙
规格（mm）：45

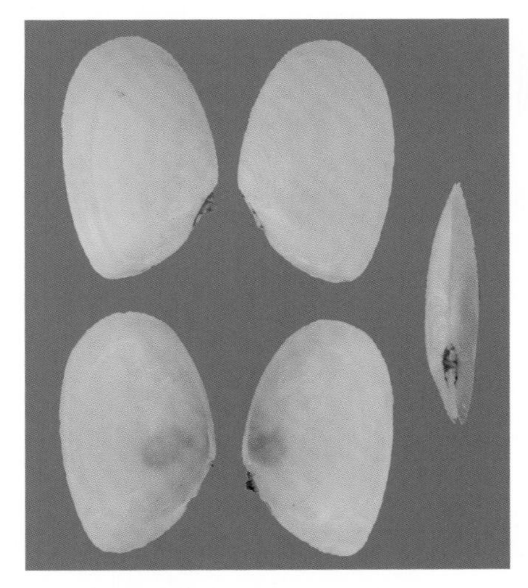

拟衣韩瑞蛤

Hanleyanus vestalioides（Yokoyama，1920）

中文异名：被角樱蛤
产地：辽宁大连
规格（mm）：21

亚白樱蛤

Macoma calcarea（J. F. Gmelin，1791）

中文异名：白亚樱蛤
产地：辽宁大连
规格（mm）：53

灯白樱蛤

Macoma lucerna（S. C. T. Hanley, 1844）

产地: 浙江舟山

规格（mm）: 28

瓜白樱蛤

Macoma melo G. B. Sowerby, 1866

中文异名: 白瓜樱蛤

产地: 西班牙

规格（mm）: 21

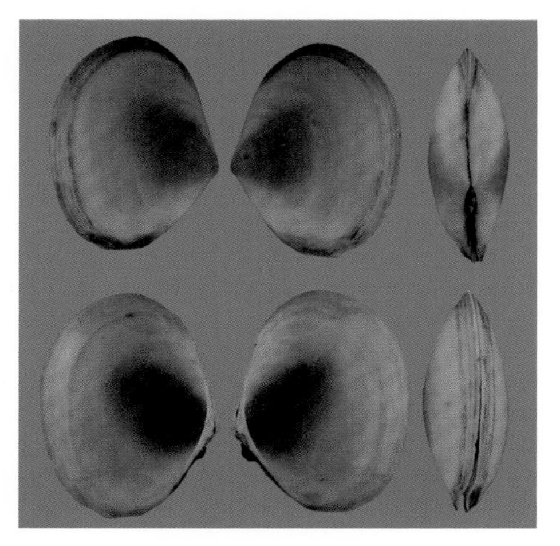

丝光白樱蛤

Macoma siliqua（A. Adams, 1852）

中文异名: 丝光樱蛤

产地: 巴拿马

规格（mm）: 33

皱纹樱蛤

Meganulus venulosus（Schrenck，1861）

产地：日本

规格（mm）：64

拟箱美丽蛤

Merisca capsoides（Lamarck，1818）

中文异名：箱形樱蛤

产地：海南

规格（mm）：40

彩虹蛤

Moerella iridescens（Benson，1842）

中文异名：彩虹明樱蛤

产地：浙江舟山岱山

规格（mm）：25

备注：养殖种

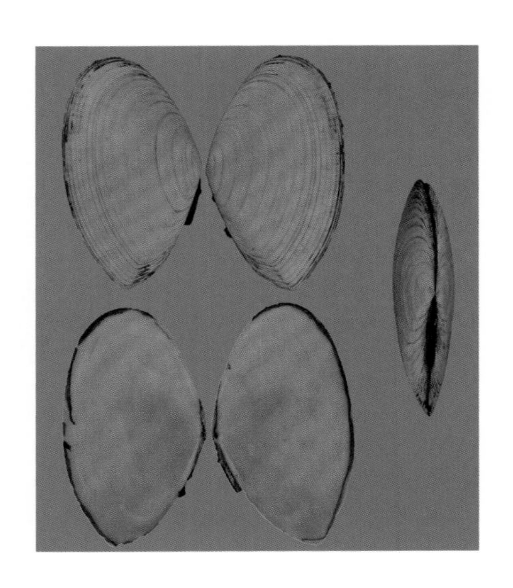

择昂大樱蛤

Peronidia zyonoensis（Hatai et Nisiyama，1939）

中文异名：长白樱蛤
产地：辽宁大连（农贸市场）
规格（mm）：45

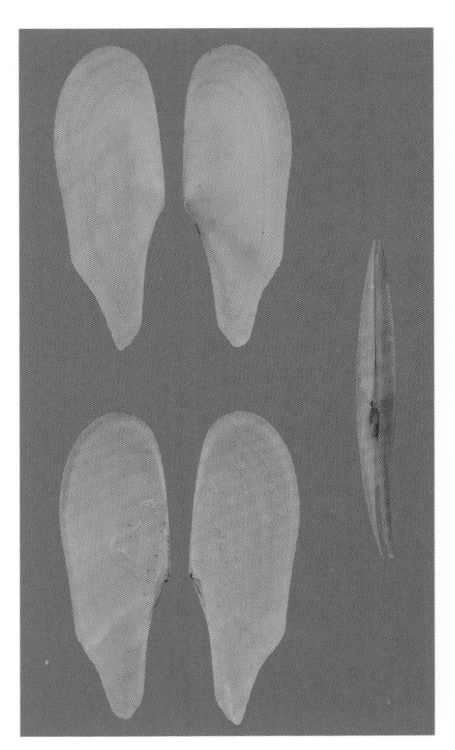

小王蛤

Pharaonella pharaonis（S. C. T. Hanley，1844）

中文异名：小王樱蛤
产地：澳大利亚
规格（mm）：51

舌形小王蛤

Pharaonella rostrata（Linnaeus，1758）

产地：菲律宾
规格（mm）：22

截形白樱蛤

Psammotreta gubernanulum（S. C. T. Hanley, 1844）

产地：越南

规格（mm）：34

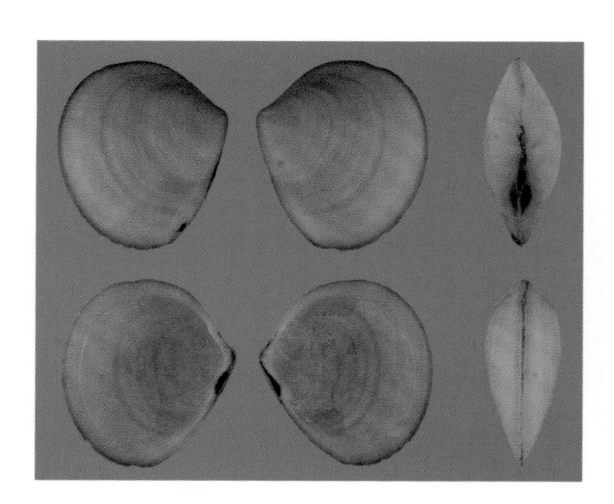

断纹细纹樱蛤

Strigilla disjuncta（P. P. Carpenter, 1856）

中文异名：断纹樱蛤

产地：巴拿马

规格（mm）：24

玫瑰樱蛤

Tellina albinella Lamarck，1818

产地：澳大利亚

规格（mm）：53

佛罗里达樱蛤

Tellina alternata T. Say, 1822

产地: 美国
规格（mm）: 42

波坦尼卡樱蛤

Tellina botanica（Hedley, 1918）

产地: 澳大利亚
规格（mm）: 29

三角洲樱蛤

Tellina deltoidalis Lamarck, 1818

产地: 澳大利亚
规格（mm）: 38

斧形樱蛤

Tellina donacina Linnaeus, 1758

产地: 西班牙

规格(mm): 20

圆形樱蛤

Tellina fausta(R. Pulteney, 1799)

产地: 巴拿马

规格(mm): 70

叶樱蛤

Tellina foliacea(Linnaeus, 1758)

中文异名: 枯叶樱蛤

产地: 菲律宾

规格(mm): 67

葛氏樱蛤

Tellina gaimardi T. Iredale，1915

产地：新西兰

规格（mm）：48

赫氏樱蛤

Tellina hertleini（A. A. Olsson，1961）

产地：巴拿马

规格（mm）：48

线樱蛤

Tellina lineata Turton，1819

中文异名：巴西樱蛤

产地：墨西哥

规格（mm）：29

光泽樱蛤

Tellina nitida G. S. Poli, 1791

产地: 西班牙
规格（mm）: 39

火腿小王蛤

Tellina perna Spengler, 1758

中文异名: 火腿樱蛤
同物异名: *Pharaonella perna*
产地: 澳大利亚
规格（mm）: 74

西瓜樱蛤

Tellina punicea I. von Born, 1778

产地: 巴西

规格（mm）: 43

辐射樱蛤

Tellina radiata Linnaeus, 1758

产地: 美国

规格（mm）: 61

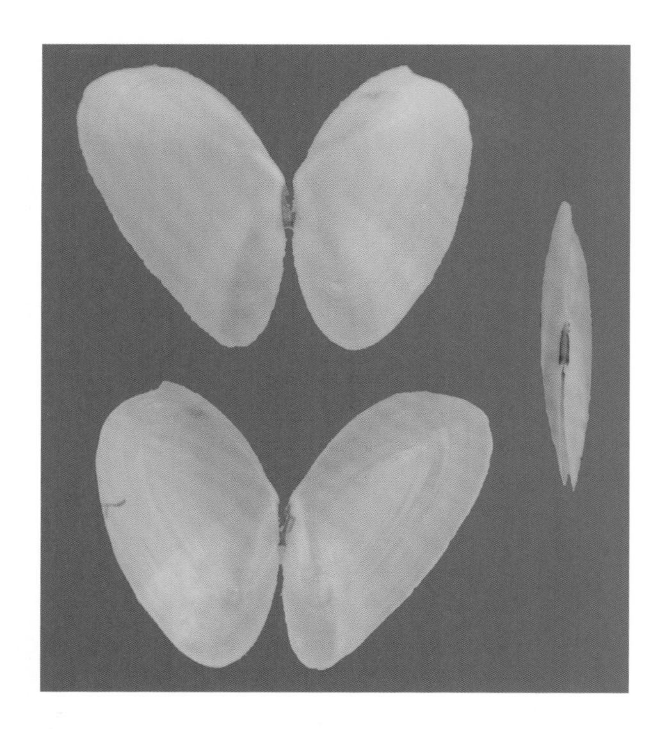

山得士樱蛤

Tellina sandix Boss, 1968

产地: 巴西

规格(mm): 16

糙樱蛤

Tellina serrata Brochi, 1814

产地: 西班牙

规格(mm): 36

十字小樱蛤

Tellina staurella Lamarck, 1818

中文异名: 月光樱蛤
产地: 澳大利亚
规格(mm): 40

扎卡樱蛤

Tellina zacae L. G. Hertlein et Strong, 1949

产地: 巴拿马
规格(mm): 34

斧蛤科
DONACIDAE

布雷兹斧蛤
Donax brazieri E. A. Smith, 1892

产地：澳大利亚
规格（mm）：16

科拜拉斧蛤
Donax columbella Lamarck, 1818

产地：澳大利亚
规格（mm）：23

楔形斧蛤
Donax cuneatus Linnaeus, 1758

产地：新西兰
规格（mm）：20

三角斧蛤

Donax deltoides Lamarck, 1818

产地: 澳大利亚
规格(mm): 51

缘齿斧蛤

Donax denticulatus Linnaeus, 1758

产地: 委内瑞拉
规格(mm): 24

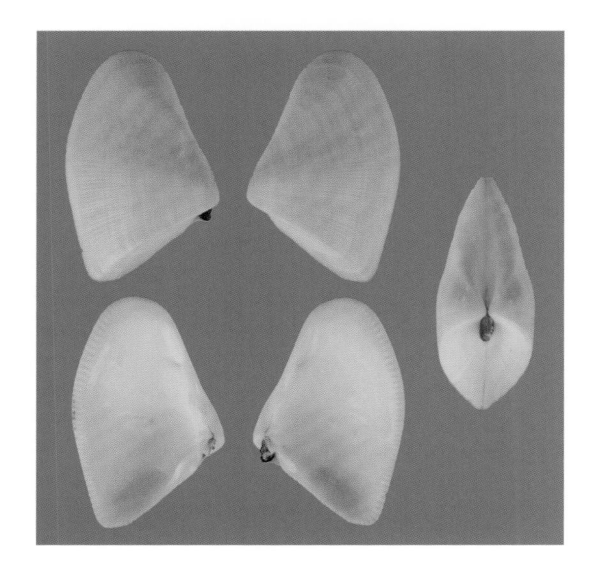

狄氏斧蛤

Donax dysoni L. A. Reeve, 1854

产地: 海南三亚
规格(mm): 12

豆斧蛤

Donax faba "Chemnitz" Gmelin, 1789

产地: 中国台湾澎湖

规格（mm）: 20

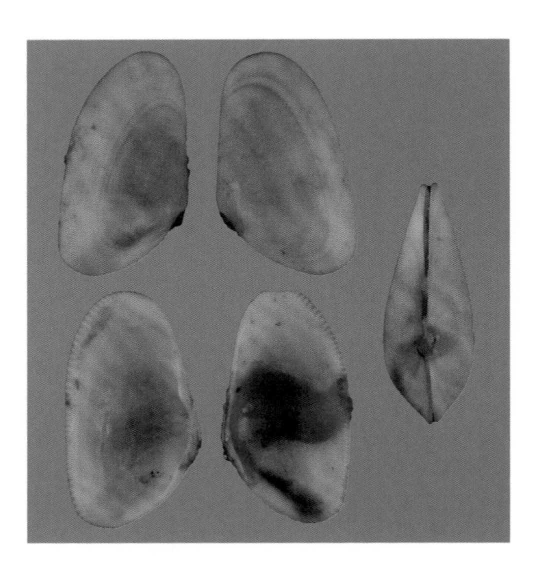

石头斧蛤

Donax fossor T. Say, 1822

产地: 美国

规格（mm）: 14

宝石斧蛤

Donax gemmula J. P. E. Morrison, 1971

产地: 巴西

规格（mm）: 14

加州斧蛤

Donax gouldii W. H. Dall, 1921

产地: 澳大利亚

规格（mm）: 20

细纹斧蛤

Donax hanleyanus R. A. Philippi, 1842

产地: 阿根廷

规格（mm）: 35

微红斧蛤

Donax incarnatus "Chemnitz" Gmelin, 1791

产地: 海南三亚

规格（mm）: 11

瘦斧蛤

Donax kiusiuensis H. A. Pilsbry, 1901

产地：日本

规格（mm）：14

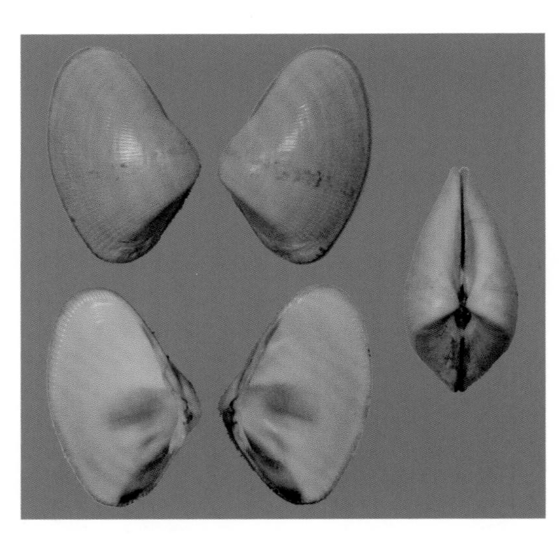

秘鲁斧蛤

Donax obesulus L. A. Reeve, 1854

产地：秘鲁

同物异名：*Donax peruvianus*

规格（mm）：26

巴拿马斧蛤

Donax panamensis R. A. Philippi, 1849

产地：巴拿马

规格（mm）：25

热带紫藤斧蛤

Donax semigranosus tropicus Scarlato, 1965

产地：海南三亚

规格（mm）：10

备注：常见种

半纹斧蛤

Donax semistriatus G. S. Poli, 1795

产地：西班牙

规格（mm）：23

截形斧蛤

Donax trunculus Linnaeus, 1758

产地：西班牙

规格（mm）：30

蝴蝶斧蛤

Donax variabilis T. Say, 1822

中文异名: 蝴蝶斧蛤
产地: 美国
规格（mm）: 19

长条斧蛤

Donax variegatus J. F. Gmelin, 1791

产地: 葡萄牙
规格（mm）: 25

射线斧蛤

Donax vittatus（E. M. da Costa，1778）

产地：比利时
规格（mm）：30

Hecuba scortum（Linnaeus，1758）

中文异名：皮革斧蛤
产地：印度
规格（mm）：53

Iphigenia altior（G. B. Sowerby Ⅱ，1833）

中文异名：厚高斧蛤
产地：波多黎各
规格（mm）：48

紫云蛤科
PSAMMOBIIDAE

红树林蒴蛤

Asaphis deflorata（Linnaeus, 1758）

中文异名: 红树林紫云蛤
产地: 巴拿马
规格（mm）: 60

对生蒴蛤

Asaphis violascens（Forsskål in Niebuhr, 1775）

产地: 福建厦门
规格（mm）: 30

凸地蛤

Gari convexa（L. A. Reeve，1857）

中文异名：鼓背紫云蛤
产地：新西兰
规格（mm）：68

砂栖蛤

Gari kazusensis（M. Yokoyama，1922）

产地：山东
同物异名：*Gobraeus kazusensis*
规格（mm）：30

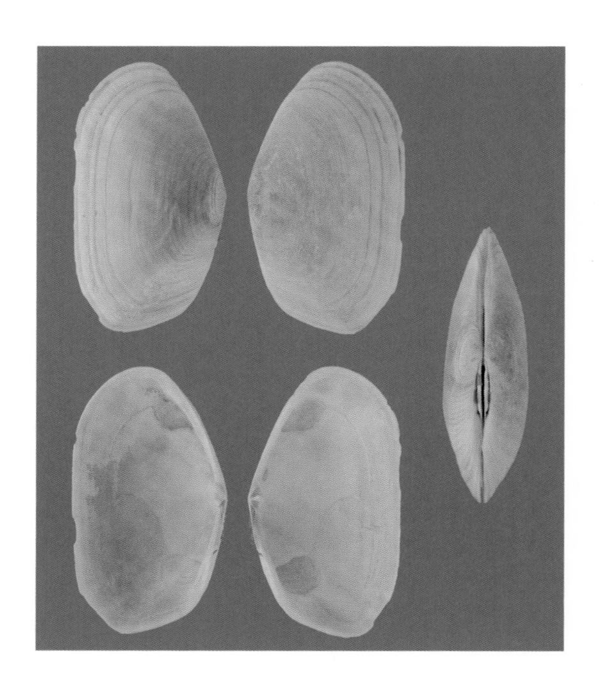

莱氏紫云蛤

Gari lessoni（Blainville，1826）

同物异名：*Psammobia Lessoni*

产地：澳大利亚

规格（mm）：49

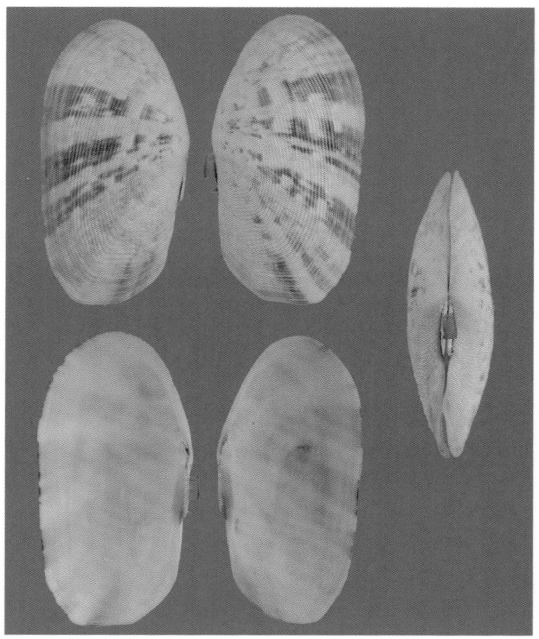

斑纹紫云蛤

Gari maculosa（Lamarck，1818）

同物异名：*Psammobia maculosa*

产地：印度尼西亚

规格（mm）：58

射带紫云蛤

Gari radiata（W. R. Dunker in Philippi，1845）

同物异名：*Psammobia radiata*

产地：海南海口

规格（mm）：30

结实地蛤

Gari solida Gray, 1828

中文异名: 结实紫云蛤
产地: 智利
规格(mm): 81

斯氏地蛤

Gari strangeri(Gray, 1842)

中文异名: 斯氏紫云蛤
产地: 新西兰
规格(mm): 50

截形紫云蛤

Gari truncata(Linne, 1767)

同物异名: *Psammobia pulchella*
产地: 澳大利亚
规格(mm): 36

绿紫蛤

Gari virescens（G. P. Deshayes，1855）

产地：海南三亚（农贸市场）
同物异名：*Sanguinolaria virescens*
规格（mm）：25

浪纹紫云蛤

Gari lineolata（J. E. Gray，1835）

产地：新西兰
规格（mm）：52

Heterodonax pacificus（T. A. Conrad，1837）

中文异名：墨西哥紫云蛤
产地：巴拿马
规格（mm）：16

Hiatula biradiata（W. Wood, 1815）

中文异名: 光芒紫云蛤
产地: 澳大利亚
规格（mm）: 68

黄海圆滨蛤

Nuttallia ezonis T. Kuroda et Habe in Habe, 1995

中文异名: 黄海紫云蛤
产地: 山东青岛（农贸市场）
规格（mm）: 67

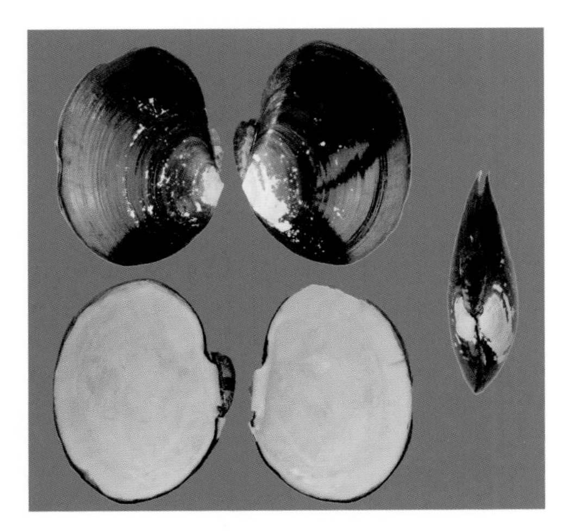

河口圆滨蛤

Nuttallia nuttallii（T. A. Conrad, 1837）

中文异名: 河口紫云蛤
产地: 美国
规格（mm）: 89

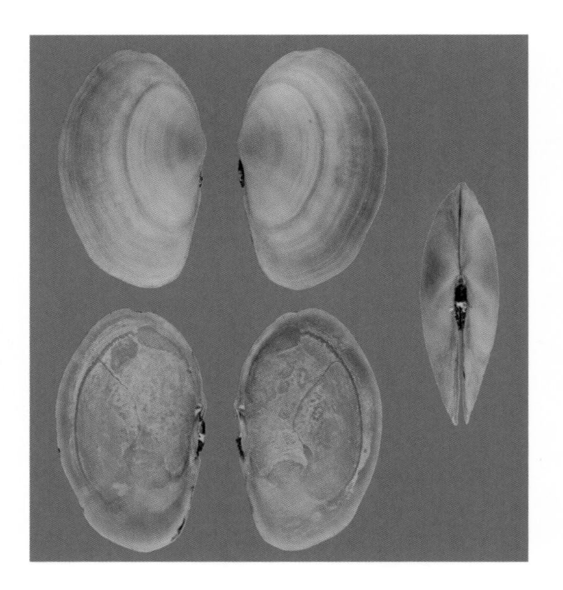

樱花紫云蛤

Sanguinolaria tellinoides A. Adams, 1950

产地: 巴拿马

规格（mm）: 76

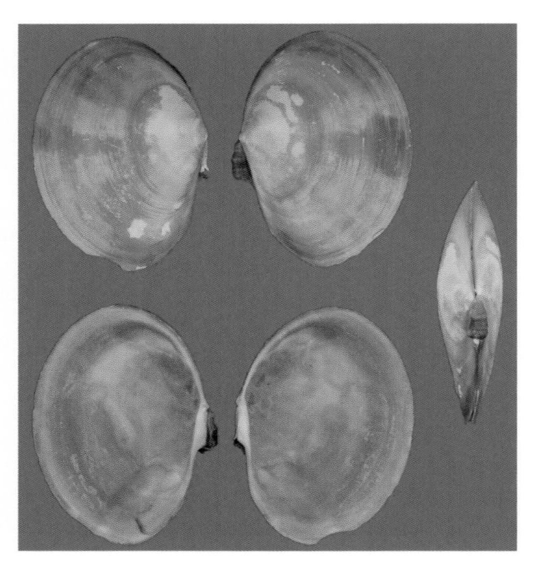

紫彩血蛤

Soletellina jaopnica L. A. Reeve, 1857

中文异名: 日本圆滨蛤

同物异名: *Nuttallia jaopnica*

产地: 浙江宁波（农贸市场）

规格（mm）: 30

双线紫蛤

Soletellina diphos（Linnaeus, 1771）

中文异名: 双线紫云蛤

同物异名: *Sanguinolaria diphos*

产地: 广东湛江

规格（mm）: 62

双带蛤科
SEMELIDAE

杓形小海螂

Leptomya cuspidariaeformis T. Habe，1952

中文异名：尖头唱片蛤
产地：浙江海域
规格（mm）：11

Scrobicularia plana（E. M. da Costa，1778）

中文异名：浅沟长舌蛤
产地：法国
规格（mm）：30

索纹双带蛤

Semele cordiformis（"Chemnitz" Holten，1802）

产地：日本

规格（mm）：15

艳美双带蛤

Semele pulchra（G. B. Sowerby Ⅰ，1832）

中文异名：艳美唱片蛤

产地：巴拿马

规格（mm）：22

粗纹双带蛤

Semele scaba（S. C. T. Hanley，1844）

中文异名：粗纹唱片蛤

产地：海南

规格（mm）：58

截蛏科
SOLECURTIDAE

总角截蛏
Solecurtus divaricatus（C. E. Lischke, 1869）

产地：海南海口
规格（mm）：70

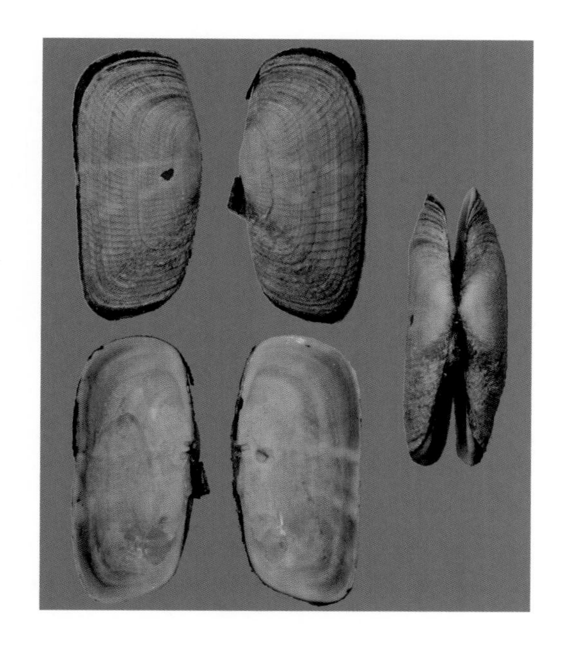

菲律宾截蛏
Solecurtus philippinarum（W. R. Dunker, 1861）

产地：浙江海域
规格（mm）：25

粉截蛏

Solecurtus strigilatus (Linnaeus, 1758)

产地: 意大利
规格(mm): 78

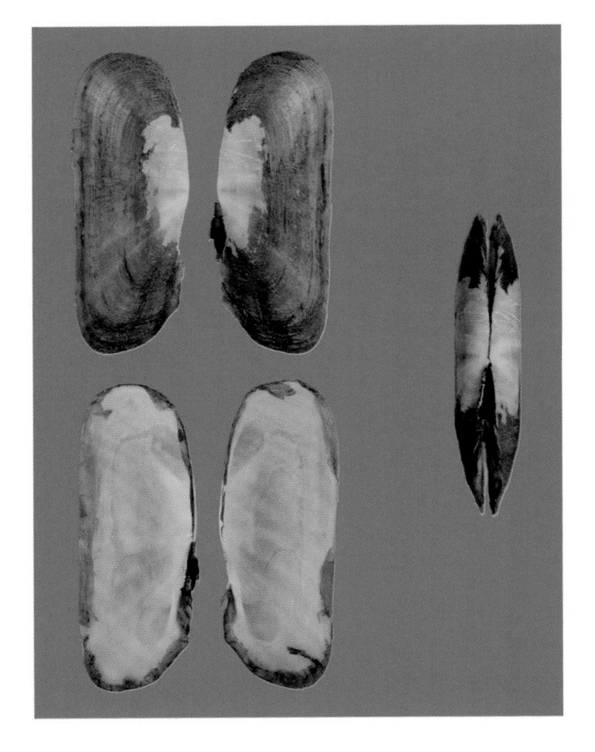

变形截蛏

Tagelus affinis irregularis A. A. Olsson, 1961

产地: 巴拿马
规格(mm): 67

秘鲁截蛏

Tagelus peruvianus Pilsbry et Olsson, 1941

产地: 巴拿马

规格(mm): 50

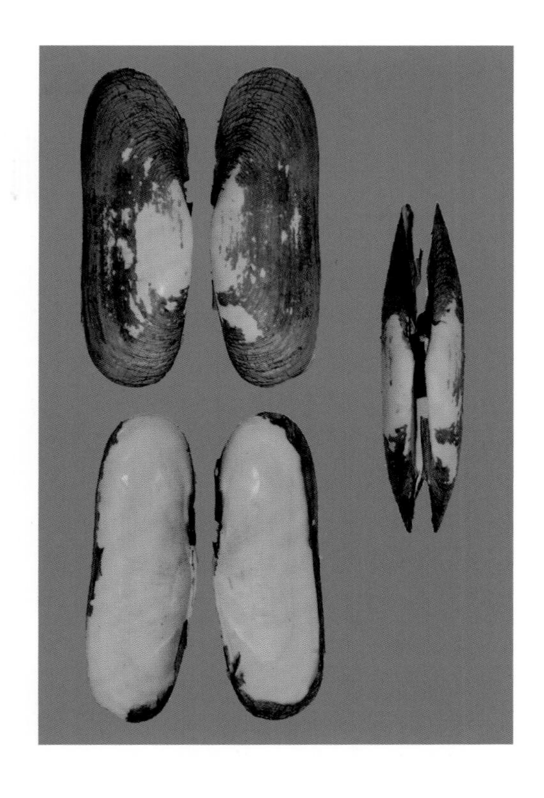

光截蛏

Tagelus politus (P. P. Carpenter, 1857)

产地: 巴拿马

规格(mm): 35

竹蛏科
SOLENIDAE

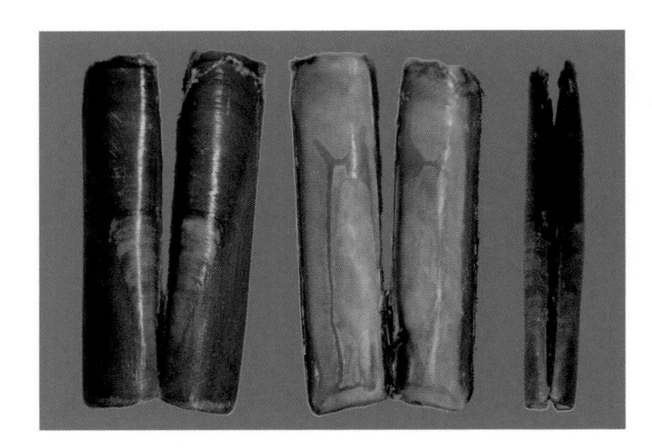

黑田竹蛏
Solen kurodai T. Habe, 1964

产地：辽宁
规格（mm）：53

紫斑竹蛏
Solen sloanii J. E. Gray in Hanley, 1843

产地：福建漳浦
规格（mm）：52

刀蛏科
CULTELLIDAE

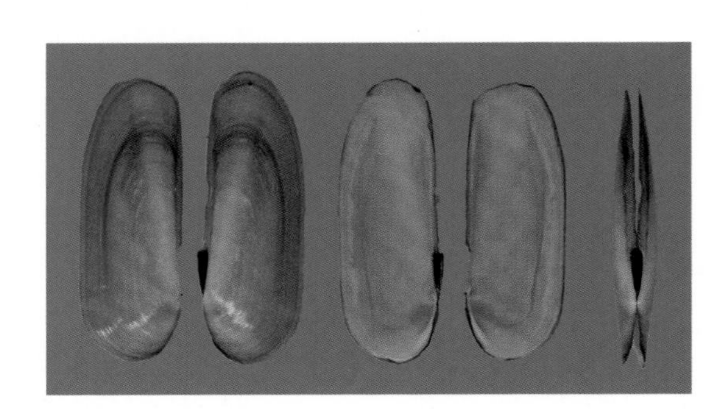

小刀蛏
Cultellus attenuatus W. R. Dunker, 1862

产地：广东湛江
规格（mm）：60

饰贝科
DREISSENIDAE

阿当仿贻贝
Mytilopsis adamsi J. P. E. Morrison, 1946

中文异名: 阿当饰贝
产地: 海南
规格(mm): 20

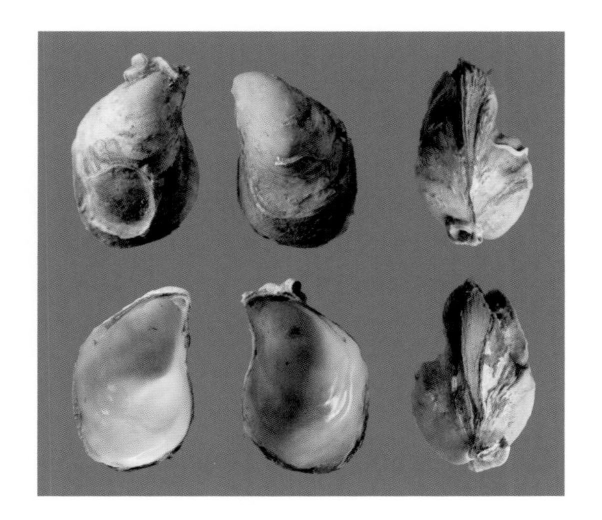

棱蛤科
TRAPEZIIDAE

斑纹棱蛤
Neotrapezium liratum(L. A. Reeve, 1843)

同物异名: *Trapezium liratum*
产地: 海南海口东寨港
规格(mm): 20

亚光棱蛤

Neotrapezium sublaevigatum（Lamarck，1819）

同物异名：*Trapezium sublaevigatum*
产地：广西北海
规格（mm）：25

同心蛤科
GLOSSIDAE

龙王同心蛤

Glossus humanus（Linnaeus，1758）

产地：西班牙
规格（mm）：56

蚬科
CORBICULIDAE

河蚬
Corbicula fluminea（O. F. Müller, 1774）

产地：福建福州
规格（mm）：25
备注：常见种

凹线仙女蚬
Corbicula similis（W. Wood, 1828）

产地：福建厦门（农贸市场）
规格（mm）：50

红树蚬
Geloina coaxans（J. F. Gmelin, 1791）

产地：广西钦州
规格（mm）：60

帘蛤科
VENERIDAE

Ameghinomya antiqua（King et Broderip, 1832）

中文异名: 古董帘蛤
产地: 阿根廷
规格（mm）: 50

Amiantis purpurata（Lamarck, 1818）

中文异名: 桔梗帘蛤
产地: 阿根廷
规格（mm）: 55

Anomalocardia auberiana（A. D. d'Orbigny, 1842）

中文异名: 奥伯尔帘蛤
产地: 美国
同物异名: *Anomalocardia puella*
规格（mm）: 20

Anomalocardia flexuosa (Linnaeus, 1767)

中文异名: 巴西歪帘蛤
同物异名: *Anomalocardia brasiliana*
产地: 巴西
规格(mm): 25

Anomalocardia puella (Pfeiffer in Philippi, 1846)

中文异名: 灰鬼帘蛤
产地: 美国
规格(mm): 21

Anomalocardia subrugosa (W. Wood, 1828)

中文异名: 刺青鬼帘蛤
产地: 巴拿马
规格(mm): 30

鳞杓拿蛤

Anomalodiscus squamosus（Linnaeus, 1758）

中文异名: 歪帘蛤
产地: 海南海口
规格（mm）: 35

曲波皱纹蛤

Antigona chemnitzii（S. C. T. Hanley, 1845）

中文异名: 凯米慈帘蛤
同物异名: *Periglypta ehemnitzii*
产地: 澳大利亚
规格（mm）: 82

对角蛤

Antigona lamellaris H. C. F. Schumacher, 1817

中文异名: 花篮帘蛤
产地: 广西钦州
规格（mm）: 35

皱纹蛤

Antigona puerpera（Linnaeus，1771）

中文异名：紫皱纹蛤
产地：海南三亚
同物异名：*Periglypta puerpera*
规格（mm）：70

布目皱纹蛤

Antigona sowerbyi（G. P. Deshayes，1853）

产地：海南
同物异名：*Periglypta clathrata*
规格（mm）：60

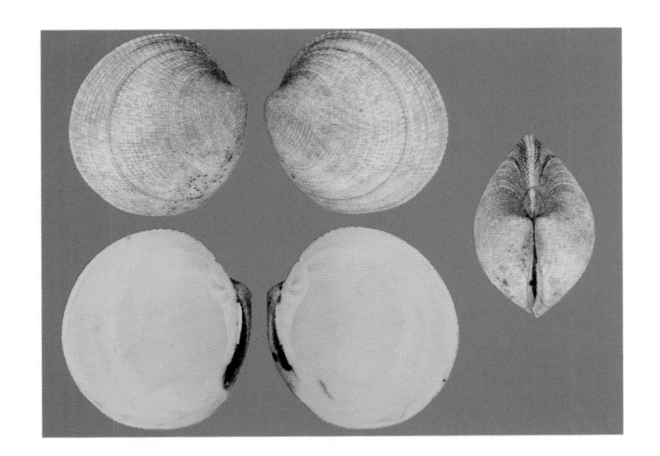

帝门仙女蛤

Callista diemenensis（S. C. T. Hanley，1844）

中文异名：帝门帘蛤
产地：澳大利亚
规格（mm）：25

棕带仙女蛤

Callista eryina（Linnaeus，1758）

产地：广东湛江
规格（mm）：72

不等仙女蛤

Callista impar（Lamarck，1818）

中文异名：不等长文蛤
产地：澳大利亚
规格（mm）：48

紫金仙女蛤

Callista lilacina（Lamarck，1818）

中文异名：紫金帘蛤
产地：澳大利亚
规格（mm）：61

印度洋仙女蛤

Callista planatella（Lamarck, 1818）

中文异名：印度洋长帘蛤
产地：澳大利亚
规格（mm）：81

半纹仙女蛤

Callista semisulcata G. B. Sowerby Ⅱ, 1851

中文异名：半纹帘蛤
产地：澳大利亚
规格（mm）：38

紫铜仙女蛤

Callista squalida f. chionaea（K. T. Menke, 1847）

中文异名：紫铜帘蛤
产地：巴拿马
规格（mm）：30

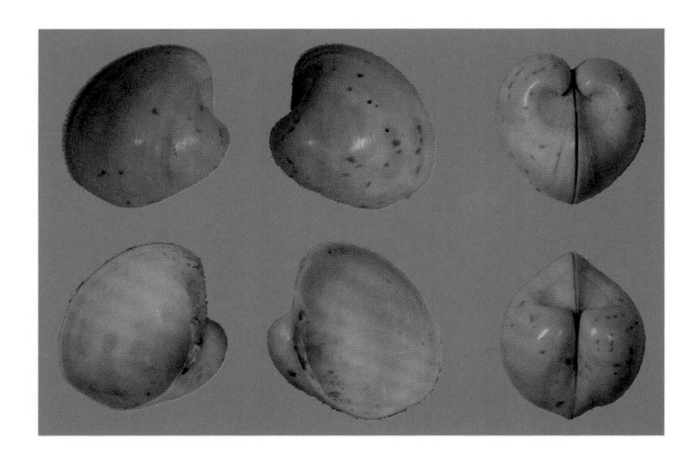

美心蛤

Callocardia guttata A. Adams, 1864

中文异名: 滴水帘蛤

同物异名: *Callocardia thorae*

产地: 东海海域

规格（mm）: 20

Chamelea gallina（Linnaeus, 1758）

中文异名: 鸡帘蛤

产地: 法国

规格（mm）: 25

Chamelea striatula（E. M. da Costa, 1778）

中文异名: 欧洲细纹帘蛤

产地: 西班牙

规格（mm）: 20

Chione cancellata（Linnaeus, 1767）

中文异名: 方格鬼帘蛤
产地: 美国
规格（mm）: 30

Chione stutchburyi Pfeiffer, 1856

中文异名: 布纹鬼帘蛤
产地: 新西兰
规格（mm）: 44

Chionopsis amathusia（R. A. Philippi, 1844）

中文异名: 千层帘蛤
产地: 巴拿马
规格（mm）: 39

硬币美女蛤

Circe nummulina（Lamarck，1818）

中文异名：硬币帘蛤
产地：澳大利亚
规格（mm）：26

面具美女蛤

Circe personata G. P. Deshayes，1854

中文异名：唱片帘蛤
同物异名：*Circe scripta*
产地：海南三亚
规格（mm）：40

瘤美女蛤

Circe plicatina（Lamarck，1816）

中文异名：瘤帘蛤
产地：澳大利亚
规格（mm）：46

澳洲美女蛤

Circe rivularis（I. von Born，1778）

中文异名：澳洲帘蛤
产地：澳大利亚
规格（mm）：42

畦美女蛤

Circe sulcata J. E. Gray，1838

中文异名：刻纹美女蛤
同物异名：*Redicirce sulcata*
产地：澳大利亚
规格（mm）：25

宽带雪蛤

Clausinella fasciata E. M. da Costa，1778

中文异名：宽带帘蛤
产地：法国
规格（mm）：20

畸心蛤

Cryptonemella producta（T. Kuroda et Habe，1951）

中文异名：曲畸心蛤
产地：海南海口
规格（mm）：26

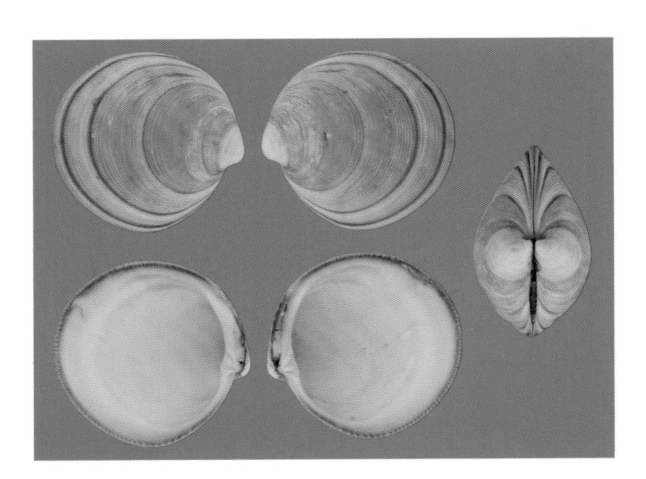

青蛤

Cyclina sinensis（J. F. Gmelin，1791）

产地：浙江台州玉环
规格（mm）：40
备注：养殖种

老娘镜蛤

Dosinia anus（R. A. Philippi，1848）

产地：新西兰
规格（mm）：63

饼干镜蛤

Dosinia biscocta（L. A. Reeve，1850）

产地：浙江舟山

规格（mm）：30

丝纹镜蛤

Dosinia caerulea L. A. Reeve，1850

中文异名：蓝顶镜文蛤

产地：澳大利亚

规格（mm）：59

胖镜蛤

Dosinia contusa（L. A. Reeve，1850）

中文异名：胖帘蛤

产地：澳大利亚

规格（mm）：32

薄片镜蛤

Dosinia corrugata（L. A. Reeve, 1850）

中文异名: 深窦镜蛤
产地: 浙江宁波象山港
同物异名: *Dosinia hanleyana*
规格（mm）: 25

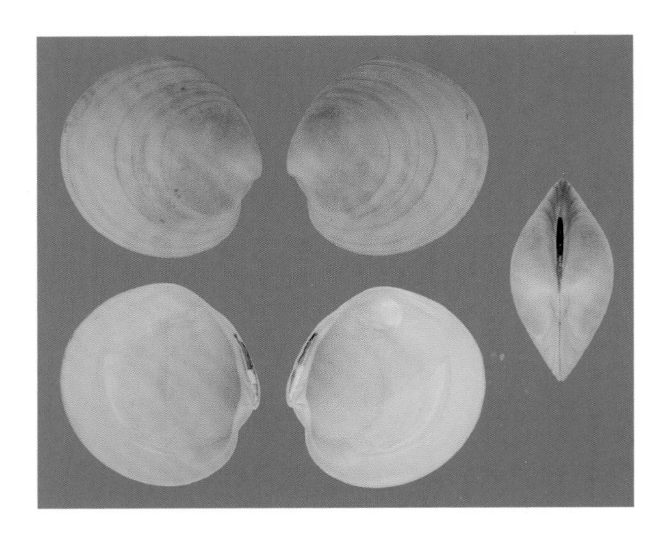

细黄镜蛤

Dosinia crocea G. P. Deshayes, 1853

产地: 澳大利亚
规格（mm）: 42

帝氏镜蛤

Dosinia deshayesii A. Adams, 1856

中文异名: 帝氏帘蛤
产地: 澳大利亚
规格（mm）: 32

圆盘镜蛤

Dosinia discus（L. A. Reeve, 1850）

产地: 美国
规格（mm）: 51

墨西哥镜蛤

Dosinia dunkeri（R. A. Philippi, 1844）

产地: 秘鲁
规格（mm）: 37

大西洋镜蛤

Dosinia exoleta（Linnaeus, 1758）

中文异名: 大西洋帘蛤
产地: 希腊
规格（mm）: 20

刀片镜蛤

Dosinia incisa（L. A. Reeve, 1850）

产地：澳大利亚

规格（mm）：62

日本镜蛤

Dosinia japonica（L. A. Reeve, 1850）

产地：浙江舟山朱家尖岛

规格（mm）：56

华美镜蛤

Dosinia juvenilis（J. F. Gmelin, 1791）

中文异名：华美帘蛤

产地：澳大利亚

规格（mm）：26

月亮镜蛤

Dosinia lupinus（Linnaeus，1758）

中文异名: 月亮帘蛤
产地: 西班牙
规格（mm）: 24

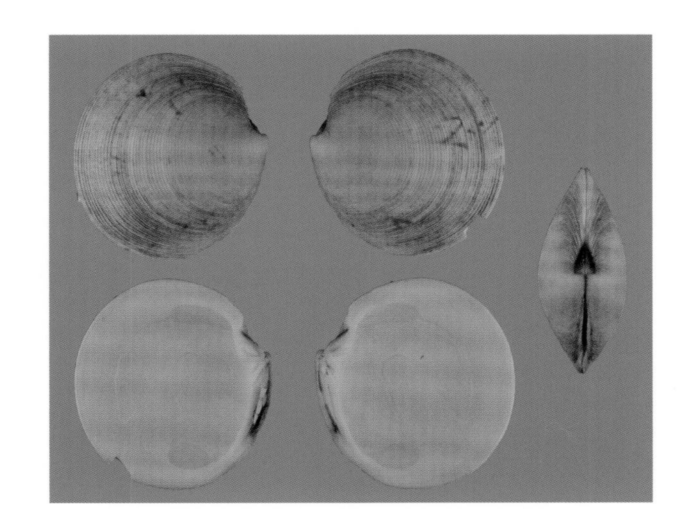

鳞片镜蛤

Dosinia scalaris（K. T. Menke，1843）

中文异名: 鳞片帘蛤
产地: 澳大利亚
规格（mm）: 67

玫瑰镜蛤

Dosinia subrosea（J. E. Gray in Yate，1853）

产地: 新加坡
规格（mm）: 23

Eumarcia fumigata G. B. Sowerby Ⅱ, 1853

中文异名: 烟熏环帘蛤
产地: 澳大利亚
规格(mm): 28

蒙克加夫蛤

Gafrarium menkei(J. H. Joans, 1846)

中文异名: 蒙克帘蛤
产地: 澳大利亚
规格(mm): 44

加夫蛤

Gafrarium pectinatum(Linnaeus, 1758)

中文异名: 斜肋纵帘蛤
产地: 海南清澜
规格(mm): 25

盖伊球帘蛤

Globivenus snellii（E. Fischer-Piette, 1975）

中文异名: 盖伊帘蛤
同物异名: *Clausinella gayi*
产地: 智利
规格（mm）: 30

雕刻球帘蛤

Globivenus toreuma（A. A. Gould, 1850）

中文异名: 维纳斯帘蛤
产地: 澳大利亚
规格（mm）: 28

等边浅蛤

Gomphina aequilatera（G. B. Sowerby Ⅰ, 1825）

产地: 浙江舟山朱家尖岛
规格（mm）: 26

斧形浅蛤

Gomphina donacina（J. K. Megerle von Mühlfeld，1811）

中文异名：斧形帘蛤
产地：浙江舟山（农贸市场）
规格（mm）：26

驼背卵蛤

Hysteroconcha tortuosa（W. J. Broderip et Sowerby Ⅰ，1835）

中文异名：驼背帘蛤
同物异名：*Pitar tortuosus*
产地：巴拿马
规格（mm）：30

算盘翘鳞蛤

Irus carditoides（Lamarck，1818）

中文异名：算盘帘蛤
产地：澳大利亚
规格（mm）：30

叠片翘鳞蛤

Irus crebrelamellatus（R. Tate，1887）

中文异名：叠片帘蛤
产地：澳大利亚
规格（mm）：28

Katelysia peronii（Lamarck，1818）

中文异名：白龙帘蛤
产地：澳大利亚
规格（mm）：33

Katelysia rhytiphora E. Lamy，1937

中文异名：赖菲帘蛤
产地：澳大利亚
规格（mm）：39

Katelysia scalarina（Lamarck，1818）

中文异名：斯加尔帘蛤
产地：澳大利亚
规格（mm）：32

Lamelliconcha unicolor（G. B. Sowerby Ⅰ，1835）

中文异名：单色黄帘蛤
产地：巴拿马
规格（mm）：28

糙面布目蛤

Leukoma asperrima（W. J. Broderip et Sowerby Ⅰ，1835）

中文异名：糙面帘蛤
同物异名：*Protothaca asperrima*
产地：巴拿马
规格（mm）：40

贝尔布目蛤

Leukoma beili（A. A. Olsson，1961）

中文异名：贝尔帘蛤
产地：巴拿马
规格（mm）：43

格拉布目蛤

Leukoma grata（T. Say，1931）

中文异名：格拉帘蛤
同物异名：*Protothaca grata*
产地：巴拿马
规格（mm）：30

江户布目蛤

Leukoma jedoensis（C. E. Lischke，1874）

同物异名：*Protothaca jedoensis*
产地：浙江台州大陈岛
规格（mm）：30

光壳蛤

Lioconcha castrensis（Linnaeus，1758）

中文异名：秀峰文蛤
产地：菲律宾
规格（mm）：34

象形文光壳蛤

Lioconcha hieroglyphica（T. A. Gonrad，1837）

中文异名：象形文帘蛤
产地：美国
规格（mm）：24

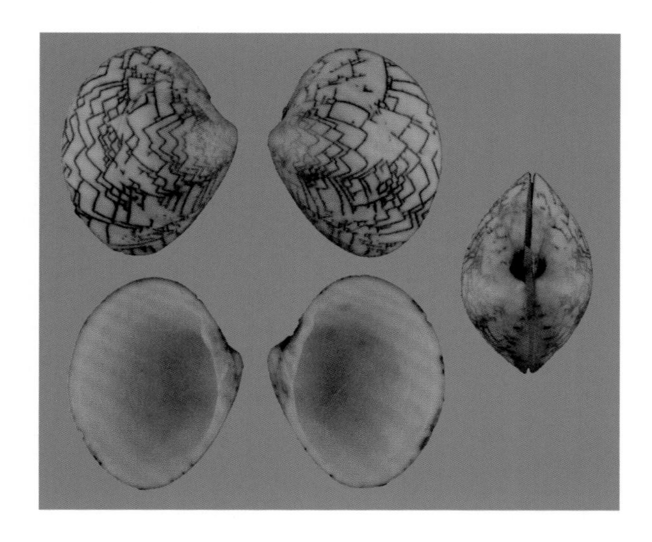

锦绣光壳蛤

Lioconcha ornata（L. W. Dillwyn，1817）

中文异名：装饰帘蛤
产地：泰国
规格（mm）：20

花瓣大仙女蛤

Macrocallista maculata（Linnaeus，1758）

中文异名: 花瓣帘蛤
产地: 巴西
规格（mm）: 52

光芒大仙女蛤

Macrocallista nimbosa（J. Lightfoot，1786）

中文异名: 光芒长文蛤
产地: 美国
规格（mm）: 79

斧文蛤

Meretrix lamarckii G. P. Deshayes，1853

中文异名: 韩国文蛤
产地: 广西北海
规格（mm）: 54

丽文蛤

Meretrix lusoria（"Chemnitz" Röding, 1798）

产地：海南三亚
规格（mm）：45

琴文蛤

Meretrix lyrata（G. B. Sowerby Ⅱ, 1851）

产地：广西北海
规格（mm）：36

文蛤

Meretrix meretrix（Linnaeus, 1758）

产地：浙江宁波慈溪（农贸市场）
规格（mm）：40

短文蛤

Meretrix petechialis（Lamarck，1818）

中文异名：中华文蛤
产地：海南三亚（农贸市场）
规格（mm）：45

Notocallista disrupta（G. B. Sowerby Ⅱ，1853）

中文异名：断线帘蛤
产地：澳大利亚
规格（mm）：43

巴非蛤

Paphia alapapilionis P. F. Röding，1798

中文异名：蝴蝶巴非蛤
产地：中国台湾基隆
规格（mm）：55

厚壳巴非蛤

Paphia crassisulca（Lamarck，1818）

中文异名：浮肋横帘蛤
产地：澳大利亚
规格（mm）：53

克雷普巴非蛤

Paphia kreipli M. Huber，2010

中文异名：克雷普帘蛤
产地：广西北海
规格（mm）：52

斑纹巴非蛤

Paphia lirata（R. A. Philippi, 1848）

中文异名: 纹斑巴非蛤
产地: 浙江温州（农贸市场）
规格（mm）: 30

半皱巴非蛤

Paphia semirugata（R. A. Philippi, 1847）

产地: 广西北海
规格（mm）: 48

波纹巴非蛤

Paphia undulata（I. von Born, 1778）

产地：浙江宁波（农贸市场）
规格（mm）：40

轮纹凸卵蛤

Pelecyora corculum（E. Römer, 1870）

中文异名：轮纹帘蛤
产地：辽宁大连
规格（mm）：20

三角凸卵蛤

Pelecyora trigona（L. A. Reeve，1850）

中文异名：凸镜蛤

产地：海南三亚

规格（mm）：25

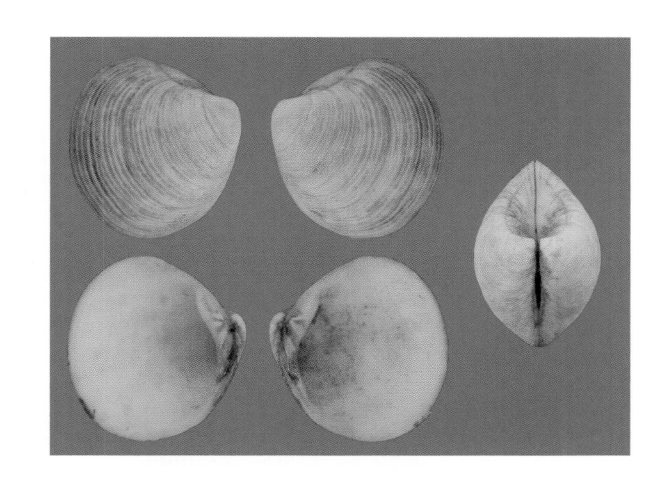

网纹皱纹蛤

Periglypta reticulata（Linnaeus，1758）

中文异名：格子帘蛤

产地：澳大利亚

规格（mm）：88

异侧卵蛤

Pitar affinis（J. F. Gmelin，1791）

产地：澳大利亚

规格（mm）：45

浪沙卵蛤

Pitar callicomatus（W. H. Dall，1902）

中文异名：浪沙帘蛤
产地：巴拿马
规格（mm）：37

饱满卵蛤

Pitar fulminatus（K. T. Menke，1828）

中文异名：饱满帘蛤
产地：美国
规格（mm）：19

赫氏卵蛤

Pitar helenae A. A. Olsson，1961

中文异名：赫氏帘蛤
同物异名：*Pitar hertleini*
产地：巴拿马
规格（mm）：30

细纹卵蛤

Pitar striatus（J. E. Gray, 1838）

产地：广西钦州

规格（mm）：25

柱状卵蛤

Pitar sulfureus H. A. Pilsbry, 1914

产地：海南三亚

规格（mm）：34

特来弗卵蛤

Pitar trevori Lamprell et Whitehead, 1990

中文异名：特来弗帘蛤

产地：澳大利亚

规格（mm）：31

贝利雪蛤

Placamen berryi（W. Wood，1828）

中文异名：贝利帘蛤
产地：澳大利亚
规格（mm）：35

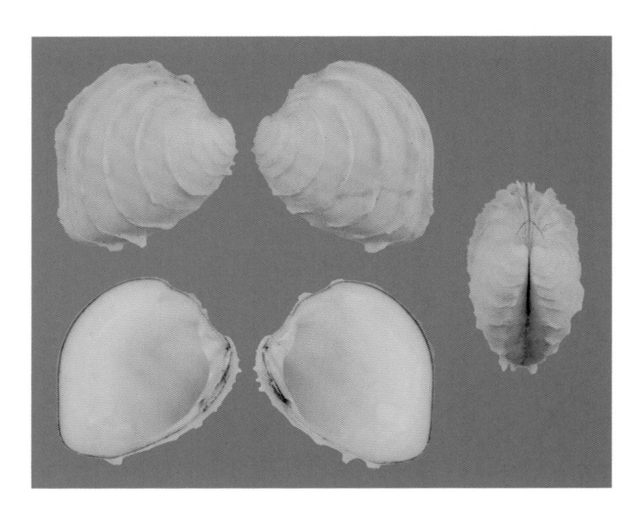

美叶雪蛤

Placamen calophylla（R. A. Philippi，1836）

中文异名：木雕蛋糕帘蛤
产地：海南清澜
规格（mm）：30

灰带雪蛤

Placamen gravescens（K. T. Menke，1843）

中文异名：灰带帘蛤
产地：澳大利亚
规格（mm）：31

叠片雪蛤

Placamen lamellosum（“Chemnitz” Sowerby Ⅰ, 1825）

中文异名: 叠片蛋糕蛤
产地: 福建福州
规格（mm）: 34

平雪蛤

Placamen placidum（R. A. Philippi, 1844）

中文异名: 平糕帘蛤
产地: 澳大利亚
规格（mm）: 29

麦金布目蛤

Protothaca mcgintyi（A. A. Olsson, 1961）

中文异名: 麦金帘蛤
产地: 巴拿马
规格（mm）: 28

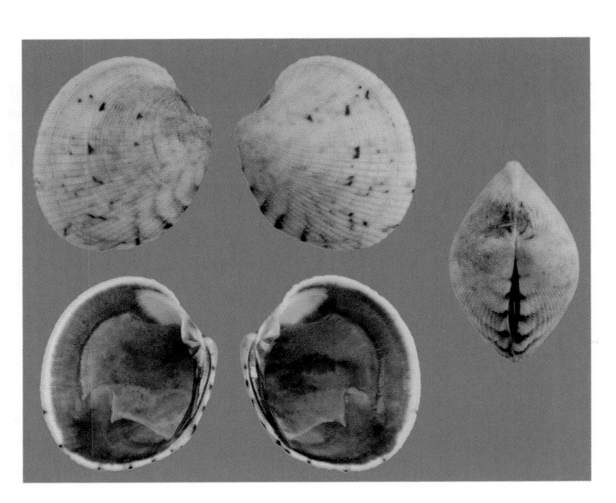

菲律宾蛤仔

Ruditapes philippinarum（A. Adams et Reeve，1850）

产地：浙江宁波
规格（mm）：35
备注：养殖种

叉缀锦蛤

Tapes decussatus（Linnaeus，1758）

产地：意大利
规格（mm）：42

钝缀锦蛤

Tapes dorsatus（Lamarck，1818）

中文异名：宽幅浅蜊
产地：澳大利亚
规格（mm）：62

缀锦蛤

Tapes literatus（Linnaeus，1758）

中文异名：迭峦帘蛤
产地：菲律宾
规格（mm）：70

短圆缀锦蛤

Tapes sulcarius（Lamarck，1818）

同物异名：*Tapes deshayesii*
产地：南海
规格（mm）：30

小鸡帘蛤

Tawera gallinula（Lamarck，1818）

产地：澳大利亚
规格（mm）：36

Tawera lagopus (Lamarck, 1818)

中文异名: 黄白帘蛤
产地: 澳大利亚
规格(mm): 35

Tawera spissa (G. P. Deshayes, 1835)

中文异名: 斯皮萨帘蛤
产地: 新西兰
规格(mm): 28

细结帝汶蛤

Timoclea subnodulosa (S. C. T. Hanley, 1845)

产地: 海南三亚
规格(mm): 21

Tivela mactroides (I. von Born, 1778)

中文异名: 马珂三角蝶文蛤
产地: 巴西
规格(mm): 24

Tivela tripla (Linnaeus, 1771)

中文异名: 三角蝶文蛤
产地: 冈比亚
规格(mm): 25

Venerupis corrugata (J. F. Gmelin, 1791)

中文异名: 皱纹浅蜊
产地: 新西兰
规格(mm): 43

Venerupis galactites (Lamarck, 1818)

中文异名: 乳白浅蜊
产地: 澳大利亚
规格(mm): 52

Ventricolaria isocardia (A. E. Verrill, 1870)

中文异名: 鸟羽帘蛤
产地: 巴拿马
规格(mm): 58

白帘蛤

Venus albina G. B. Sowerby Ⅱ, 1853

同物异名: *Ventricoloidea foveolata*
产地: 东海海域
规格(mm): 45

疣帘蛤

Venus verrucosa Linnaeus, 1758

产地：以色列
规格（mm）：18

绿螂科
GLAUCONOMIDAE

绿螂

Glauconome chinensis J. E. Gray, 1828

中文异名：中国绿螂
产地：浙江台州临海
规格（mm）：35
备注：常见种

海螂科
MYIDAE

砂海螂
Mya arenaria Linnaeus, 1758

产地: 福建厦门
规格（mm）: 55

篮蛤科
CORBULIDAE

焦河篮蛤
Potamocorbula ustudata（L. A. Reeve, 1865）

产地: 浙江宁波
规格（mm）: 20
备注: 常见种

主要参考资料

蔡如星，黄惟灏 . 1989. 浙江动物志——软体动物［M］. 杭州：浙江科学技术出版社 .

蔡英亚，张英，魏若飞 . 1979. 贝类学概论［M］. 上海：上海科学技术出版社 .

何径 . 2010. 贝壳采集鉴定收藏指南［M］. Hackenheim：ConchBooks.

何径 . 2018. 贝壳家谱［M］. Hackenheim：ConchBooks.

黄宗国，林茂 . 2012. 中国海洋生物图集［M］. 北京：海洋出版社 .

黄宗国 . 1994. 中国海洋生物种类与分布［M］. 北京：海洋出版社 .

赖景阳 . 2005. 台湾贝类图鉴［M］. 台北：猫头鹰出版社 .

齐钟彦 . 1998. 中国经济软体动物［M］. 北京：中国农业出版社 .

王如才 . 1998. 中国水生贝类原色图鉴［M］. 杭州：浙江科学技术出版社 .

王一农，张永靖 . 2007. 浙江海滨生物 200 种［M］. 杭州：浙江科学技术出版社 .

王祯瑞 . 1997. 中国动物志：软体动物门双壳纲（贻贝目）［M］. 北京：科学出版社 .

王祯瑞 . 2002. 中国动物志：软体动物门双壳纲（珍珠贝亚目）［M］. 北京：科学出版社 .

徐凤山 . 1997. 中国海双壳类软体动物［M］. 北京：科学出版社 .

徐凤山 . 1999. 中国动物志：软体动物门双壳纲（原鳃亚纲、异韧带亚纲）［M］. 北京：科学出版社 .

徐凤山 . 2012. 中国动物志：软体动物门双壳纲（满月蛤总科、心蛤总科、厚壳蛤总科、鸟蛤总科）［M］. 北京：科学出版社 .

徐凤山，张素萍 . 2008. 中国海产双壳类图志［M］. 北京：科学出版社 .

徐凤山，张均龙 . 2018. 中国动物志：软体动物门双壳纲（樱蛤科、双带蛤科）［M］. 北京：科学出版社 .

庄启谦 . 2001. 中国动物志：软体动物门双壳纲（帘蛤科）［M］. 北京：科学出版社 .

张素萍 . 2008. 中国海洋贝类图鉴［M］. 北京：海洋出版社 .

张素萍，张均龙，陈志云，等 . 2016. 黄渤海软体动物图志［M］. 北京：科学出版社 .

张玺，齐钟彦 . 1961. 贝类学纲要［M］. 北京：科学出版社 .

张永普，周化斌，尤仲杰 . 2012. 浙江洞头海产贝类图志［M］. 北京：海洋出版社 .

赵汝翼，程济民，赵大东 . 1982. 大连海产软体动物志［M］. 北京：海洋出版社 .

Alain Robin. 2010. Encyclopedia of Marine Bivalves［M］. Hackenheim：ConchBooks.

B. K. Raines，G. T. Poppe. 2006. The Family Pectinidae. In：G. T. Poppe，K. A. Groh. Conchological Iconography［M］. Hackenheim：ConchBooks.

M. Huber. 2010. Compendium of Bivalves［M］. Hackenheim：ConchBooks.

M. Huber. 2015. Compendium of Bivalves 2［M］. Hackenheim：ConchBooks.

Qi Zhongyan. 2004. Seashells of China [M] . Beijing：Ocean Press.
R. Tucker Abbott，Kenneth J. Boss，1989. A Classification of the Living Mollusca [M] . Melbourne：American Malacologists，Inc.
R. Tucker Abbott，S. Peter Dance. 2000. Compendium of Seashells [M] . California：Odyssey Publishing.
S. Peter Dance. 1976. The Colletor's Encyclopedia of Shells [M] . London：McGraw-Hill Book Company

中文名索引

A

B

C

D

E

F

G

H

J

K

L

M

N

O

P

Q

R

S

T

W

X

Y

Z

拉丁名索引

A

B

C

D

E

F

G

H

I

J

N

O

P

Q

R

S

T

U

V

W

X

Y

Z